Die Stellung Hamburgs in der Organisation des Welthandels mit pflanzlichen Ölrohstoffen und den Erzeugnissen der Ölmüllerei

von

Dr. rer. pol. Arnold Otting

Hamburg
L. Friederichsen & Co.
1925

Druck von J. J. Augustin in Glückstadt und Hamburg

Vorwort.

Die Statistik über die Ein- und Ausfuhr gibt ein mehr oder weniger genaues Bild von der Verkehrsstellung eines Platzes, je nachdem, ob die Methoden der Statistik eine genaue Erfassung aller in das betreffende Gebiet gebrachten und daraus verführten Handelsgüter ermöglicht oder nicht. Bei der Betrachtung des Verkehrs allein kann aber eine volkswirtschaftliche Untersuchung nicht stehen bleiben. Ihr muß es vor allem auch darauf ankommen zu untersuchen, wodurch dieser Verkehr zustande kommt, welche Faktoren die Richtung des Verkehrs bedingen, sie muß die Handelsstellung des Platzes zu erfassen suchen. Es ist daher falsch, wenn, wie dies durchweg der Fall ist, in einer Abhandlung über den Handel eines Landes mit irgendwelchen Produkten möglichst viel statistisches Material über Ein- und Ausfuhr zusammengetragen und dies nun von allen Seiten beleuchtet wird, ohne daß darauf eingegangen wird, ob denn nun auch tatsächlich in dem Lande die Bewegung der Güter von dort ansässigen Händlern veranlaßt wird oder ob diese ihren Sitz an einem ganz anderen Ort haben, so daß es sich tatsächlich nicht um den „Handel" dieses Landes, sondern um dessen Waren„verkehr" dreht. Die Stellung des örtlichen Händlerstandes innerhalb der Organisation des Welthandels erscheint ungeheuer wichtig, liegt doch darin letzten Endes auch der Wohlstand des Volkes begründet.

Die genaue Erfassung der Handelsstellung eines Platzes erfordert mannigfache Detailuntersuchungen. Im vorliegenden ist der Versuch gemacht, den Handel Hamburgs mit Ölrohstoffen und den Erzeugnissen der Ölmüllerei einer Betrachtung in der bezeichneten Richtung zu unterziehen. Die Wichtigkeit dieser Stoffe für die deutsche Volkswirtschaft und unsere während des Krieges so fühlbar zu Tage getretene Abhängigkeit in der Versorgung mit Ölen und Fetten vom Auslande läßt die Untersuchung der Handelsstellung Hamburgs für diese Produkte naheliegend erscheinen. Allerdings ist eine exakte zahlenmäßige Erfassung leider nicht möglich, so daß auch nicht festgestellt werden kann, welcher Prozentsatz von den ein- und ausgeführten Rohstoffen, Ölen und Ölkuchen am Platze

1*

tatsächlich umgesetzt wird, aber es wird sich doch ein genaueres Bild ergeben, als es die alleinige Benutzung der Statistik ermöglicht.

Die Anregung zur Veröffentlichung dieser Arbeit ging von dem „Verein des Großhandels mit Ölen, Fetten und Rohstoffen, e. V.“, Hamburg, aus, dessen Vorsitzenden, Herrn Karl Behrens, ich auch an dieser Stelle für die mir zuteil gewordene Unterstützung meinen verbindlichsten Dank aussprechen möchte. Dank gebührt auch Herrn Prof. Dr. Heinrich Sieveking, der diese Untersuchung auf das Wohlwollendste förderte.

Hamburg, im April 1925. **Der Verfasser.**

Inhaltsverzeichnis.

Einleitung.

Die Rohstoffe und ihre Verarbeitung.

a) Anbaugebiete, Marktplätze und Verwendung der Ölsaaten- und -früchte.

Für die vorliegende Untersuchung kommen nur die in großen Massen gehandelten Rohstoffe und die daraus hergestellten Erzeugnisse in Frage. Von den vielen im Handel erscheinenden Produkten sind daher die wichtigsten herausgenommen. Es sind dies Raps und Rübsen, Leinsaat, Sesamsaat, Baumwollensaat, Erdnüsse, Sojabohnen, Kopra und Palmkerne und die entsprechenden Öle und Ölkuchen.

Die Hauptanbauländer für Raps und Rübsen sind Britisch-Indien, Rußland und Rumänien. In geringeren Mengen wird die Saat auch in ganz Europa angebaut. Es gibt Winter- und Sommerraps, der erstere ist wertvoller und sicherer im Ernteertrag. Noch sicherer, aber ölärmer ist Rübsen. Die indischen Arten, von denen im Handel die bekanntesten gelber, brauner und punktierter indischer Raps sind, sind im allgemeinen ölreicher, leiden aber durch größere Beimengungen von Fremdsamen. Hauptmarktplatz ist London.

Das raffinierte Öl wird als Brenn-, Schmier- und Speiseöl benutzt, auch technischen Zwecken dient es, so der Herstellung von Faktis, geblasenen Ölen usw.

Die Kuchen bilden je nach Art des verwendeten Rohmaterials entweder ein beachtenswertes Kraftfuttermittel oder sie können nur zu Düngezwecken benutzt werden. Die aus deutscher Saat gepreßten Kuchen erfreuen sich bei den Landwirten einer Beliebheit, welcher sich im gleichen Umfang wohl nur die Leinkuchen rühmen dürfen.

Die Hauptanbauländer für Leinsaat sind Südamerika (Argentinien), Nordamerika, Indien und Rußland (Ostseeprovinzen und Schwarzmeergebiet). Als wichtigste Handelsmarken kommen in Frage: La Plata, Bombay, Kalkutta, Asow, Baltische, Nordamerikanische, Rumänische Leinsaat. Am ölhaltigsten sind Kalkutta- und Bombaysaat, doch ist die Beschaffenheit des gewonnenen Öles wertbestimmend. In dieser Beziehung ist die wertvollste Saat die Baltische. Hauptmarkt ist London.

Leinöl findet die Hauptverwendung in der Firnis- und Lackindustrie; besonders die erstere absorbiert ungeheure Mengen von Leinöl. Geringer ist das in der Seifenindustrie verwendete Quantum. Ein weiteres großes Verwendungsgebiet ist die Linoleum- und Kautschukindustrie.

Die Sesamsaat wird hauptsächlich in Indien, China und der Levante angebaut. Levantiner Saat ist die ölreichste und liefert die besseren Qualitäten von Öl und Preßkuchen. Der bedeutendste und älteste Markt ist der Marseiller.

Sesamöl wird vorwiegend als Speiseöl verwendet, auch in Mischung mit anderen Ölen als Verschnittöl. Größer war die Verwendung in der Margarineindustrie gemäß dem Margarinegesetz vom 15. 6. 1897.

Sesamkuchen sind als preiswertes Futtermittel allgemein geschätzt.

Als Produktionsländer für Baumwoll- oder Kottonsaat kommen neben Indien Ägypten, Klein-Asien, China und vor allen Dingen Nordamerika in Frage. Folgende Handelssorten kommen für den Handel hauptsächlich in Betracht: Uplandsaat, Seaislandsaat, ägyptische, indische und asiatische Saat. Die Uplandsaat bildet fast ausschließlich das Rohmaterial für die amerikanische Kottonölindustrie. Die Baumwollsaat neigt mehr als andere Ölsaaten zum Verderben. Besonders die amerikanische Kottonsaat ist für den Export wenig geeignet. Der Hauptmarkt ist der Londoner.

Die weitaus größte Menge der gereinigten Kottonöle wird zu Speisezwecken verwendet. Amerika verbraucht enorme Mengen des Öls zur Herstellung von Kunstschmalz. Auch in der Margarineindustrie spielt das Öl eine wichtige Rolle.

Als Preßrückstände kommen geschälte und ungeschälte Kottonkuchen in den Handel. Der erstere, auch ägyptischer oder Alexandriner Kottonkuchen genannt, wird hauptsächlich in England, Ägypten und Frankreich aus ägyptischer Saat gewonnen. Beide Kuchenarten können als Viehfutter verwendet werden.

Die Hauptanbauländer für Erdnüsse sind: Westafrika, Indien, China und Nordamerika. Der hauptsächlichste Erdnußmarkt ist Marseille. In den Handel gelangen geschälte und ungeschälte Nüsse, die letzteren wiegen vor und sind auch haltbarer. Sie werden gewertet nach dem Verhältnis des Gewichts der Hülse zu den Samen.

Erdnußöl findet hauptsächlich als Speise- und Brennöl sowie als Seifenmaterial Verwendung.

Alle Arten Erdnußkuchen bilden ein für alle Tiere gern genommenes Futtermittel.

Die Sojabohne wird fast ausschließlich in der chinesischen und russischen Mandschurei angebaut. Hauptmarkt ist London. Sie wird sowohl zur Gewinnung von Öl als auch zur Fabrikation von Fleischersatz, Frisch- und Trockenmilch verwendet.

Die Kuchen bilden ein beliebtes Futtermittel von guter Verdaulichkeit.

Die Kokospalme gedeiht in allen an die Südsee grenzenden Gebieten, am üppigsten in den niederländischen Besitzungen, auf Ceylon, an der Malabarküste und auf den Philippinen. Auch in Zentralamerika befinden sich große Kokospalmbestände. Man unterscheidet im Handel mit Kopra, d. i. das getrocknete Fleisch der Kokosnuß, 3 Sorten: fms (fair merchantable sundried), fm und tel quel. Hauptmärkte waren vor dem Kriege Marseille, Hamburg und Amsterdam.

Das Kokosfett dient zum Teil industriellen Zwecken (Seifenindustrie, Kerzenfabrikation), zum Teil wird es zur Margarinefabrikation verwandt.

Die Kuchen aus Kopra sind ein sehr produktives Milchfutter, das überall einen guten Preis erzielt.

Die Ölpalme gedeiht am besten im tropischen West- und Mittelafrika. Neuerdings ist sie auch mit Erfolg in Niederländisch-Indien angebaut und liefert dort schon gute Erträge. Andere Gebiete kommen für den Weltmarkt mit den Früchten dieser Palme kaum in Frage. Am wertvollsten sind die Nigerischen Palmkerne (Lagos). Der wichtigste Palmkernmarkt war vor dem Kriege Hamburg.

Palmkernöl ist eines der beliebtesten Seifenfette. Auch bei der Margarinefabrikation spielt es eine bedeutende Rolle.

Die Palmkernkuchen sind ein gutes Viehfutter, das sich besonders für Milch- und Jungvieh eignet.

b) Überblick über die Entwicklung der Ölmüllerei.

Einen Welthandel mit Ölrohstoffen und den Erzeugnissen der Ölmüllerei gibt es erst seit der Mitte des vorigen Jahrhunderts, seit der Zeit, wo die Ölmüllerei in der Lage ist, die Rohstoffe in großen Massen zu verarbeiten. Die Herstellung des Öles erfolgte bis dahin in Kleinbetrieben mittels der Keilpresse, die, wie auch die Apparate zur Saatzerkleinerung, schon seit dem 17. Jahrhundert durch Wasser- oder Windkraft betätigt wurde. Jede Presse hatte natürlich nur eine bestimmte Höchstleistung und da die Presse aus technischen Gründen nicht vergrößert werden konnte, mußte, wenn größere Mengen

Saat verarbeitet werden sollten, die Zahl der Stampfen und Pressen vermehrt werden. Dazu war aber ein großes Anlagekapital erforderlich, das sich wegen der erheblichen Unterhaltungskosten (Erschütterungen!) schlecht verzinste. Es mußten erst verschiedene Faktoren zusammenwirken, um hier einen gewaltigen Umschwung zu ermöglichen.

Auf der technischen Seite ist die Erfindung der hydraulischen Presse ein Markstein in der Geschichte der Ölmüllerei. Sie ermöglichte es, eine bedeutend größere Ausbeute zu erzielen als die Keilpresse. Damit ging natürlich eine Verbilligung der Erzeugnisse Hand in Hand, die einen größeren Konsum erweckte.

Von außen her wirkt ein anderes Moment auf die Entwicklung der Ölmüllerei ein: Das Streben des Handels nach Schaffung neuer Waren macht ungefähr um die Mitte des vorigen Jahrhunderts das getrocknete Fleisch der Kokosnuß, die Kopra, die Kerne der Ölpalmenfrucht, die Palmkerne, Baumwollensaat, Erdnüsse und Sesamsaat zu Welthandelsartikeln. Eines griff ins andere: Absatzbedürfnis auf Seiten des Handels, Verarbeitungsmöglichkeit in aufnahmefähigen, technisch vollkommenen Betrieben und dringender Bedarf von Seiten des Konsums.

Eine andere Umwälzung ging damit Hand in Hand. Bis zur Einführung der Gewerbefreiheit wurde die Ölmüllerei durchweg als Lohnwerk betrieben, der Müller brauchte sich um die Beschaffung der Rohstoffe also nicht zu sorgen, sie wurden ihm von den Auftraggebern zugetragen. Der zu Anfang des 19. Jahrh. mit der Einführung der Gewerbefreiheit erfolgende Übergang der Lohnbetriebe zu Handelsbetrieben verursachte nach außen zunächst keine Änderungen. Die Mühlen befanden sich in den Saatanbaugebieten, beherrschten also den lokalen Markt. Erst als dieser zur Deckung des Bedarfs an Rohmaterial nicht mehr imstande ist, entwickelt sich ein eigentlicher Großhandel mit Ölrohstoffen. Auch beim Absatz der Erzeugnisse kann sich ein selbständiger Handel zwischen Produzent und Konsument einschieben. Vollends mit dem Beginn der Verarbeitung überseeischer Rohstoffe traten in der Ölmüllerei jene gewaltigen Standortsverschiebungen ein, deren Ergebnis wir heute vor Augen haben. Bisher über das ganze Land verteilt, konzentrierten sich die Fabriken nunmehr auf einige wenige Punkte. Maßgebend für deren Lage war wegen der Rohmaterialmassen die leichte und billige Transportmöglichkeit und so ist es erklärlich, daß der Standort unserer Industrie sich nach den Wasserstraßen orientierte. Die Hauptplätze der Ölfabrikation in Deutschland sind heute Harburg, Bremen, die niederrheinischen Gebiete, Mannheim und die größeren Küstenplätze der Nord- und Ostsee.

In Hamburg selbst ist das Ölschlägergewerbe nie in großem Umfange betrieben worden. Immerhin haben sich aber auch hier einige Ölmühlen befunden. In St. Pauli heißt noch heute eine Straße „Ölmühle" (früher „Bei der Ölmühle"). In dieser Gegend hat nach Neddermeyer, „Topographie der Freien und Hansestadt Hamburg" um 1633 eine Ölmühle gestanden, die 1686 zur Sicherung der Sternschanze beseitigt wurde. Auch in St. Georg befand sich nach den ebenda gemachten Angaben einst eine Ölmühle, weshalb eine Gasse früher den Namen „Bei der Ölmühle" führte. In der Umgegend Hamburgs, besonders in Hannover, lagen auf dem Lande zerstreut viele kleinere Ölmühlen, die sich im Laufe der Zeit nach Harburg konzentrierten und das Fundament der heute dort befindlichen Großbetriebe bildeten.

Wenn man bedenkt, daß zur Versorgung der heutigen Riesenbetriebe gewaltige Rohstoffmengen erforderlich sind, die aus fast allen Teilen der Erde herbeigeschafft werden müssen, so ist es erklärlich, daß hierzu eine umfangreiche Organisation nötig ist. Hier nun liegt die volkswirtschaftliche Aufgabe des Handels. Seinem Wesen entspricht es, bei ber Versorgung der Ölmühlen mitzuwirken, sobald sich dazu nur eine Gelegenheit bietet. Das war, wie erwähnt, etwa um die Mitte des vorigen Jahrh. der Fall. Nicht die Ölmüllerei selbst, sondern den Handel mit den von ihr verarbeiteten und erzeugten Stoffen betreibt der Hamburger Kaufmann. Die Verarbeitung der Rohstoffe muß, um die hohen Transportkosten ins Inland bei den verhältnismäßig minderwertigen Materialien zu vermeiden, im Hafenort vor sich gehen. Man kann daher die Ölmüllerei zur Kategorie der sogenannten Hafenindustrien zählen. Ein Platz, an dem die Handelstätigkeit zur höchsten Verfeinerung gediehen ist, stößt diese Industrien, die sich zur Selbständigkeit entwickeln, in benachbarte Orte ab. So ist es nicht verwunderlich, daß die Ölmüllerei von Anfang an im benachbarten Harburg betrieben wurde. Diese Stadt hat ja auch die Verarbeitung noch anderer Rohstoffe übernommen, für die in Hamburg ein Hauptmarkt besteht: Kautschuk, Hölzer usw.

Schon in den frühesten Zeiten war ein mit dem Handel in engster Beziehung stehender Gewerbezweig, die Veredelungsindustrie, in Hamburg ansässig. Man denke an die Zuckerbäcker, Tranbrennerei,

Cattundruckerei und Färberei. Auch der Raffination von Öl hat man sich, sobald dieses erst einmal Gegenstand des Großhandels geworden war, an unserem Platz zugewandt. Unter den diesen Gewerbezweig betreibenden Firmen besteht heute noch eine (Carstens & Stüwer), deren Geschäftsbetrieb bis auf das Jahr 1780 zurückreicht. Die von den Raffinerien verarbeitete Menge Öl war schon früher recht beträchtlich. 1854 betrug die Ausfuhr des von den hiesigen Betrieben gelieferten Rüböls 10930 dz oder 38 % der gesamten Ausfuhr dieses Artikels.[1]) Heute liefern die Ölmühlen selbst das fertige Öl in allen gewünschten Mischungen und Feinheitsgraden. Die noch in Hamburg befindlichen zahlreichen größeren und kleineren Raffinerien befassen sich jetzt hauptsächlich mit der Herstellung von Schiffsfarben, Firnis und besonderen Arten von Schmierölen.—

Aus diesen notwendigen Bemerkungen über die Entwicklung der Ölmüllerei ergibt sich schon, daß das Problem, um das es sich hier eigentlich handelt, die Versorgung der Ölmühlen mit Rohstoffen und der Absatz ihrer Fabrikate, ein industrielles ist. Der Handel steht und fällt mit der Ölmühlenindustrie und ist abhängig von den Veränderungen in ihr. Dieses darf bei den nun folgenden Untersuchungen nicht außer Betracht gelassen werden.

---

[1]) Deklarierte Ausfuhr Hamburger Fabrik- nnd Gewerbeerzeugnisse während der J. 1852—55. Mskrpt. Commerz-Bibliothek, Hamburg.

I.

Die Stellung des Hamburger Handels vor dem Weltkriege.

A. Die Organisation des Rohstoffhandels.

Welcher von den in Europa nicht anbaufähigen Ölrohstoffen zuerst nach Deutschland eingeführt wurde, ist nicht genau festzustellen. Sesamsaat, Palmkerne, Kopra und Erdnüsse sind hier offenbar gleichzeitig als wertvoll für die Ölgewinnung erkannt worden. Die Höhe der Einfuhr richtet sich natürlich nach der Art der Verwendung der daraus hergestellten Öle. So wurde Palmkernöl bis 1908 ausschließlich in der Seifenindustrie verwendet. Da diese sich ständig ausdehnte, fehlte es hier nicht an Absatzmöglichkeiten. Diese vermehrten sich noch, als das Öl auch zur Margarinebereitung gebraucht werden konnte. Sesamsaat dagegen diente fast nur zur Fabrikation von Speiseöl. Der Bedarf hiervon war infolge der vielen zu gleichen Zwecken verfügbaren Saaten nicht so groß und stieg demgemäß nicht in dem Maße wie der von Palmkernen. Jedenfalls bleibt aber der Bedarf an Ölen aller Art führend für den Handel mit Ölrohstoffen und daraus erklärt sich die rasche Aufnahme fast jeder neuen nur irgendwie brauchbaren Ölfrucht durch die Mühlen. Es sind hier wie in den Anbaugebieten Preßversuche mit allen möglichen Arten von Früchten unternommen worden, und es ist noch keineswegs gewiß, ob die Rohstoffe, die gegenwärtig den ersten Platz in den Müllereien einnehmen, die einzig und für alle Zeiten brauchbaren Produkte darstellen.[1])

Folgende Tabelle zeigt die Einfuhr der verschiedenen ausländischen Rohstoffe in Hamburg:

[1]) So werden neuerdings Babassukerne, die jedoch bisher nur in einem bestimmten Teile Brasiliens gedeihen, in Mengen von ca. 15000 t im Jahre in Hamburg eingeführt.

	Sesamsaat	Baumwollensaat	Erdnüsse	Sojabohnen	Kopra	Palmkerne
	dz	dz	dz	dz	dz	dz
1880	7 526	2 588	[1])	—	[1])	265 022
1885	9 421	—	6 634	—	67 723	478 507
1890	19 406	—	9 118	—	53 697	629 683
1895	57 873	—	60 253	—	143 623	1 097 031
1900	116 457	—	131 013	—	210 341	1 248 852
1905	149 494	50 052	128 249	—	881 647	1 614 174
1910	545 678	721 332	282 681	—	1 874 558	2 656 738
1913	664 930	611 030	466 688	407 891	1 303 955	2 458 325

[1]) Kopra und andere Ölnüsse: 58 090 dz.

In Deutschland wurden an ausländischen Ölfrüchten insgesamt eingeführt:

	Sesamsaat	Baumwollensaat	Erdnüsse	Sojabohnen	Kopra	Palmkerne
	dz	dz	dz	dz	dz	dz
1880	29 143	—	35 540	—	—	474 804
1885	115 191	34 877	112 621	—	786 313	
1890	166 271	3 601	120 832	—	986 584	
1895	234 112	990	169 033	—	1 482 486	
1900	291 958	35 026	204 588	—	1 494 141	
1905	464 892	123 345	226 608	—	2 101 471	
1910	1 413 965	1 062 234	691 330	435 647	1 559 885	2 424 537
1913	1 160 386	2 197 969	980 853	1 257 502	1 965 978	2 359 211

Palmkerne stehen der Menge nach unter den importierten ausländischen Rohstoffen voran, und ein Vergleich mit dem überhaupt in Deutschland eingeführten Quantum zeigt, daß vor Ausbruch des Krieges die gesamte Palmkerneinfuhr über Hamburg ging. An zweiter Stelle steht Kopra, für das die Bedeutung unseres Platzes nicht minder groß war. Sesamsaat, Baumwollensaat, Erdnüsse und Sojabohnen, die, wie schon erwähnt, vorwiegend zur Gewinnung von Speiseölen verwendet werden, kommen in annähernd gleichen Mengen hierher.

Doch betrachten wir zunächst die Bedeutung Hamburgs als Handelsplatz für die auch in Europa anbaufähigen Rohstoffe Raps und Leinsaat!

1. Raps und Leinsaat.

Von der in Deutschland angebauten Raps- und Leinsaat, die bis zur Mitte des 19. Jahrh. den einzigen Rohstoff für die deutsche Ölmüllerei bildete, wurde ein großer Teil ausgeführt. Die Ausfuhrziffern stiegen noch, als die Verarbeitungsmenge der Ölmühlen bereits beträchlich zugenommen hatte, da größere Mengen Saaten, insbesondere Raps, als bisher angebaut wurden.

Die Einfuhr von Raps in Hamburg steigerte sich seit 1855 wie folgt:

1855:	85 590 dz				
1860:	139 325 „				
1865:	122 297 „				
1870:	30 491 „				
1875:	28 715 „				
1880:	11 806 „				
1885:	221 622 „				
1890:	87 040 „	seewärts,	13 172	dz	landwärts
1895:	314 518 „	„	7 786	„	„
1900:	528 583 „	„	2 591	„	„
1905:	778 525 „	„	14 840	„	„
1910:	1 087 620 „	„			
1913:	669 982 „	„			

Wir sehen ein Steigen dei Einfuhrziffern ungefähr bis 1865 (1864 wurden noch 325810 dz eingeführt). Bis 1880 vermindert sich die Menge der eingeführten Rapssaat (sie betrug 1879 sogar nur 313 dz) und dann tritt wieder eine rasche Vermehrung der Zufuhren ein. Genau so verhält es sich mit der Menge der hier eingeführten Leinsaat. In den Jahren 1855 bis 1913 wurden eingeführt:

1855:	12 325 dz				
1860:	15 342 „				
1865:	67 248 „				
1870:	10 714 „				
1875:	10 134 „				
1880:	2 471 „				
1885:	43 761 „				
1890:	147 701 „	seewärts,	374	dz	landwärts
1895:	718 525 „	„	59	„	„
1900:	1 189 731 „	„	146	„	„
1905:	1 888 607 „	„	361	„	„
1910:	1 886 726 „	„			
1913:	3 661 792 „	„			

Also auch hier ein Sinken der Einfuhrziffern bis 1880 und dann wieder rasches Steigen. Und wie erklärt sich nun diese Entwicklung?

Hamburg bildete für die deutschen Ölsaaten einen der wichtigsten Ausfuhrhäfen. Im Jahre 1867 wurden aus dem deutschen Zollverein 192 824 Ztr. Raps- und Rübsaat, Hanf- und Leinsaat hier eingeführt; diesen stand eine Ausfuhr in das Zollgebiet von 81 218 Ztr. gegenüber[1]). Zum Vergleich sei angeführt, daß aus den Ostseehäfen, deren Hinterland ein wichtiges Produktionsgebiet für diese Saaten war, im gleichen Jahre insgesamt 830 261 Ztr. zur Ausfuhr gelangten. Die Einfuhr in das Zollgebiet von der Ostsee betrug 92 603 Ztr. An der Zollgrenze gegen Bremen belief sich die Einfuhr auf nur 4066 Ztr., die Ausfuhr auf 3288 Ztr., gegen die Niederlande auf 99685 bezw. 31343 Ztr. Mit dem sprunghaft wachsenden Konsum der deutschen Ölmühlen ging natürlich die Ausfuhr zurück. Den Rückgang förderte der Umstand, daß der Ölsaatenanbau in immer stärkerem Maße eingeschränkt wurde. „Während bis Anfang der sechziger Jahre der Anbau der Ölpflanzen im allgemeinen in Deutschland und den angrenzenden Ländern gut rentierte, führte späterhin die immer ausgedehntere Verwendung des Petroleums, sowie der stark zunehmende Import von ausländischen sehr fettreichen Ölsaaten zu einem bedeutenden dauernden Rückgang der Preise und damit zu einer wesentlichen Einschränkung des Ölfruchtbaues überhaupt.“[2])

In Preußen waren mit Ölfrüchten bebaut:

1878:	228 109,5	ha
1883:	173 784,2	„
1893:	116 736,8	„
1900:	75 910,8	„

Ähnlich liegen die Verhältnisse in den anderen deutschen Staaten. An die Stelle des Ölfruchtbaues trat die Kultur der Zuckerrübe, die in ihrem Ertrage viel sicherer war und einen größeren Profit abwarf.[3]) Eine Reihe Mißernten Ende der 70er und in den 80er Jahren tat das übrige, um den Hamburger Handel mit inländischen Ölfrüchten ganz zu vernichten, so daß im Jahre 1890 die Handelskammer in ihrem Bericht schreiben konnte: „Das Geschäft in Rapssaat und Rübsen ist für hier fast ganz verloren“. Ähnliches wird über Leinsaat berichtet.

Immerhin ergibt sich aber aus dem Vorstehenden, daß für die inländischen Saaten in Hamburg ein Markt bestanden hat. Um so eigenartiger erscheint es, daß Hamburgs Bedeutung als Markt für

---

[1]) Meitzen, Der Boden und die landwirtschaftl. Verhältnisse des preuß. Staates. Berlin 1894.

[2]) v. d. Goltz, Handbuch der ges. Landwirtschaft, Bd. 2. Tübingen 1889—90.

[3]) Raps bringt in 5 Jahren nur 3 volkommene Ernten (Meitzen a. a. O.).

diese zurückging, trotzdem seit Mitte der 80er Jahre gewaltige Mengen davon als Ersatz für die fehlenden inländischen Saaten vom Ausland über unseren Platz eingeführt wurden.

Hier seien zunächst die Einfuhrzahlen für Raps und Leinsaat, nach Herkunftsländern getrennt, angeführt:

Raps und Rübsaat.

	1885	1895	1905	1910	1913
	dz	dz	dz	dz	dz
aus brit. Ostindien	111 907	256 041	428 837	943 232	538 444
„ Rumänien	—	48 576	309 744	135 270	84 376
„ Argentinien	—	98	24 759	—	29 366
„ Großbritannien	73 002	374	1 487	15	—
„ russischen Häfen am Schwarzen- und Asowschen Meer	3	1 498	—	—	2 512
„ russ. Ostseehäfen	—	235	—	1 294	1 660
„ Belgien	4 864	—	—	2 978	—
„ versch. Ländern.	31 846	15 482	28 538	4 831	13 624
insgesamt:	221 622	322 304	793 365	1 087 620	669 982

Lein- und Dottersaat.

	1885	1895	1905	1910	1913
	dz	dz	dz	dz	dz
aus Argentinien	1 842	105 167	943 359	1 350 774	2 887 484
„ brit. Ostindien	—	523 044	820 191	288 019	502 709
„ russ. Ostseehäfen	13	11 522	22 523	140 792	66 314
„ russischen Häfen am Schwarzen und Asowschen Meer	2 571	48 074	37 499	47 031	36 753
„ d. Vereinigten Staaten am atl. Meer	—	—	5 390	—	100 271
„ Rumänien	—	—	2 720	432	17 915
„ Großbritannien	36 346	1 257	6 333	424	1 001
„ versch. Ländern	2 989	19 484	50 953	59 254	49 345
insgesamt:	43 761	708 548	1 888 968	1 886 726	3 661 792

Aus den vorstehenden Tabellen ergibt sich, daß seit 1885 als Hauptlieferanten für Raps und Rübsaat Indien, Rumänien und zeitweise auch Argentinien, für Leinsaat Argentinien, Indien, Rußland, zeitweise die Vereinigten Staaten in Frage kommen. Weiter geht daraus hervor, daß zunächst Großbritannien den überwiegenden Teil der Saaten fremder Herkunft an Deutschland lieferte, daß es aber rasch als Zwischenhändler ausgeschaltet wird und die Produktionsländer selbst als Lieferanten auftreten, eine Folge der Kolonialpolitik. Der Übergang Englands zum Freihandel ging Hand in Hand mit einer Aufhebung der Beschränkungen des Kolonialhandels[1].

[1]) Sieveking, Grundzüge der neueren Wirtschaftsgeschichte. Leipzig-Berlin 1923.

Allmählich mußte sich daher in den Kolonien ein selbständiger Handel herausbilden, und dieser entfaltete sich gerade gegen Ende des vorigen Jahrhunderts gewaltig, so daß sogar der Schwerpunkt des englischen Handels vom Mutterland hinweggezogen zu werden drohte.

„In Indien [1]) unterscheidet man bei den Ölsaaten wie bei den anderen landwirtschaftlichen Produkten „rabi" und „kharif" Ernten. Zu den rabi-Gewächsen, die weniger Regen gebrauchen und daher gegen Ende oder nach Schluß des Südwestmonsuns gesät werden und im Frühjahr reifen, gehören Leinsaat, Raps und Mohn, während kharif-Pflanzen, die im Anfang des Monsuns (Juni und Juli) gesät werden und gegen Ende des Jahres reifen, namentlich Baumwollsaat, teilweise auch Erdnüsse und Sesam sind. In Bombay kommen die Ölsaaten etwa in folgender Reihenfolge auf den Markt:

Sesam:	zwischen	Oktober	und	Januar
Baumwollsaat:	„	November	„	März
Erdnüsse:	„	Dezember	„	März
Leinsaat u. Raps:	von März bis Mai			
Mohn:	im April und Mai.			

Die Hauptsaison für die indischen Ölsaaten ist also die erste Jahreshälfte, während die Monsunperiode von Juni bis Oktober stille Zeit ist.

„Das Ausfuhrgeschäft liegt in den Händen weniger europäischer Häuser, die sich außer mit dem Saatenhandel gewöhnlich auch noch mit anderen Geschäftszweigen, z. B. mit dem Export von Weizen oder Baumwolle sowie mitunter auch mit der Einfuhr nach Indien befassen. Diese Firmen, die in den Hafenstädten ihren Hauptsitz haben, verfügen außerdem im Innern des Landes meist noch über Angestellte und Vertrauensleute. Durch diese kaufen sie auf Grund der ihnen von ihrem europäischen Hause erteilten Weisungen, die stets telegraphisch erfolgen, die Saaten meist unmittelbar beim Produzenten auf. In Bombay besteht ferner ein sogenannter Saatenbazar, d. h. ein Straßenviertel, wo Großhändler, Makler und ähnliche eingeborene Mittelspersonen ziemlich primitive Geschäftsräume haben. Dort machen nicht nur diejenigen Exporteure, die keine Vertretung im Innern haben, ihre Einkäufe, sondern auch die anderen Häuser, die für gewöhnlich „up country" einkaufen, lassen den Markt regelmäßig besuchen, um ihren Bedarf dort nötigenfalls zu ergänzen. Der wichtigste Markt- und Verschiffungsplatz für indische Ölsaaten ist Bombay.

---

[1]) Berichte über Handel und Industrie, zusammengestellt im Reichsamt des Innern, Bd. XVI, S. 26.

„Frankreich kauft hauptsächlich Saaten zur Herstellung von Speiseöl, die als Ersatz für Olivenöl oder als Zusatz dazu dienen können. Es ist daher beinahe der einzige Abnehmer für Erdnüsse und der wichtigste für Sesam und Mohn. England nimmt die gesamte Ausfuhr von Baumwollsaat, sowie einen großen Teil der Leinsaat auf, während Deutschland sehr viel Raps verbraucht und ferner der Hauptabnehmer für indische Kopra ist."

Größere deutsche, insbesondere Hamburger Exporthäuser, Firmen, die also ihre Stammhäuser in Hamburg haben, gibt es in Indien nicht. Die hiesigen Abladungen stammen von ausländischen — englischen, holländischen oder belgischen — Häusern. Meist wurden die Sendungen schon von England oder Antwerpen aus direkt an die Ölmühlen verkauft, so daß Hamburg nur die Rolle des Spediteurs für diese Saaten übernahm[1]).

Ähnlich wie in Indien vollzieht sich auch der Aufkauf der Ölsaaten in Argentinien[2]). Auch hier liegt das Exportgeschäft in den Händen einiger großer Handelshäuser, die ihren Sitz teils in Buenos Aires, teils in Europa haben und ihre Geschäfte auf den ganzen Erdball ausdehnen. Die großen Exportfirmen kaufen entweder durch Mittelspersonen oder durch ihre eigenen Angestellten. Die Angestellten der an allen geeigneten Orten eingerichteten Zweigstellen erhalten durch den tadellos funktionierenden Nachrichtendienst täglich die anzulegenden Preise, nach denen sie ihre Abschlüsse zu machen haben. Die an Ort und Stelle befindlichen Aufkäufer, Acopiadores, treiben in der Hauptsache das Vorschußgeschäft. Sie geben den Farmern während des ganzen Jahres Kredit für ihre Lebensbedürfnisse und Produktionsmittel und machen sich dafür durch Ankauf des Getreides bezahlt. Zumeist sind diese Acopiadores auch Vertreter von Exporteuren, von denen sie dann natürlich Vorschuß ziehen, so daß die letzteren also die eigentlichen Kreditgeber sind. Das besondere an dem argentinischen Saatenhandel ist, daß sowohl auf dem Lande als auch in den Verladehäfen ganz unzureichende Lagervorrichtungen vorhanden sind. Die Folge davon ist, daß die Produkte gleich nach dem Drusch abtransportiert werden müssen. Jedenfalls werden in normalen Zeiten die Saaten tunlichst schnell an das Ausland verfrachtet, so daß ein Mangel an Lagerräumen nicht eintritt.

---

[1]) Sachverständigen-Berichte herausgegeben von der Handelskammer Hamburg für das Jahr 1903.

[2]) Hellauer, Argentinien. Berlin u. Leipzig 1921.

Der Schnitt der argentinischen Ernte beginnt im Dezember, der Drusch also Anfang Januar.

Der Verkauf nach Europa geschieht meist durch die europäischen Zentralen, denn fast jeder Exporteur hat ein Zentralbüro, sei es in London, sei es in Paris, Antwerpen oder Rotterdam, von wo aus die Offerten per Telegraph oder Telephon weitergegeben werden. Auch in Argentinien gab es keine deutschen Firmen, die sich mit dem Export von Ölsaaten befaßten. Für Deutschland spielte sich vor dem Kriege der Hauptimporthandel in Hamburg, Berlin, Duisburg-Düsseldorf und Mannheim ab.

Für indische Saaten bestand in Hamburg kein selbständiger Importeurstand. Die in diesem Handelszweig tätigen Personen waren Makler oder Agenten der ausländischen Häuser. Die abgeschlossenen Geschäfte waren also für den Markt von geringer Bedeutung. Anders stand es mit argentinischer Leinsaat. Hierin fanden dauernd große Umsätze statt, die eine Reihe selbständiger Importeure mit den Vertretern der Ablader tätigten. Daneben fanden Agenten, Kommissionäre und Makler ihre Beschäftigung. Von den Importeuren kauften die Ölmühlen auf dem Markte. Es wurde durchweg nach den Kontrakten der „Incorporated Oil Seed Association“ gehandelt, die Londoner Arbitrage vorsahen. Vorwiegend war das Lieferungsgeschäft. Locogeschäfte fanden nur mit hängengebliebenen Partien statt; hierbei wurden auch manchmal deutsche Kontrakte angewandt.

Wohin die Rohstoffe von hier aus verfrachtet wurden, geht aus folgenden Tabellen hervor, die die Höhe der Ausfuhr angeben:

Raps und Rübsaat.

	1885	1895	1905	1910	1913
	dz	dz	dz	dz	dz
seewärts:	8 303	32 561	148 982	251 966	92 080
nach der Oberelbe:	181 027	174 990	503 836	693 639	549 320
per Eisenbahn:	10 737	6 118	1 677	38 956	19 988
insgesamt:	200 067	213 669	654 495	984 561	661 388

Lein- und Dottersaat.

	1885	1895	1905	1910	1913
	dz	dz	dz	dz	dz
seewärts:	4 098	118 354	318 868	126 702	197 858
nach der Oberelbe:	17 779	81 411	424 791	557 340	963 990
per Eisenbahn:	828	3 203	4 625	6 116	89 575
insgesamt:	22 705	202 968	748 284	690 158	1 251 423

Vergleicht man die Mengen der ausgeführten Saaten mit denen der eingeführten, so ergibt sich zwar, daß die Ausfuhr proportional der Einfuhr steigt, daß aber das im Wirtschaftsgebiet Hamburg verbrauchte Quantum rasch zunimmt. In Hamburg selbst wurden diese Saaten nicht verarbeitet, sondern nach Harburg verfrachtet, woselbst, wie oben erwähnt, seit den 60er Jahren die Ölmüllerei in raschem Aufblühen begriffen ist. 1859 wurde die erste Palmkernölfabrik errichtet, 1863 die Palmkern- und Kokosnußölfabrik von Heins & Asbeck am Harburger Hafen gebaut und 1865 folgte die Firma Noblée & Thörl, die ebenfalls Palmkerne und Erdnüsse verarbeitete. 1884 erfolgte die Gründung der Leinölfabrik von F. Thörl, in der ausländisches Saatgut verarbeitet wurde, und 1896 die Errichtung der Harburger Ölwerke Brinckmann & Mergell.

Zunächst also verarbeiteten die Harburger Großbetriebe nicht die altbekannten Rohstoffe, sondern führten die Verarbeitung ausländischer Ölfrüchte ein, die sie billig, d. h. ohne nennenswerte Transportkosten von Hamburg beziehen konnten. Als zur Befriedigung des deutschen Ölbedarfs ausländische Raps- und Leinsaat eingeführt werden muß, werden in Harburg auch Großbetriebe zur Verarbeitung dieser Saaten errichtet, und sie sind in der Lage, ihren Betrieb rasch auszubauen, da sie ja eine Konkurrenz von den inländischen Mühlen nicht mehr zu fürchten haben, diesen gegenüber vielmehr so günstig arbeiten, daß sie ihren Betrieb schließen oder aber ihren Sitz an günstigere Standorte verlegen müssen.

2. Sesamsaat.

Sesamsaat spielt wie alle ausländischen Rohstoffe erst seit der Mitte des vorigen Jahrhunderts auf dem Weltmarkt eine Rolle. Der bedeutendste und älteste Markt für dieses Produkt ist der Marseiller. Die ersten in Hamburg gehandelten nennenswerten Partien Sesamsaat kamen aus Britisch Ostindien und von der Ostküste Afrikas, wurden also direkt von den Produktionsländern nach hier gebracht. England, das zunächst noch als Zwischenhändler auftrat, wird als Stapelplatz für dieses Erzeugnis bald verdrängt. Die Hauptanbauländer waren vor dem Kriege Indien, China und die Levante. Die französischen Mühlen konsumieren von jeher fast ausschließlich Levantiner Saat, nur geringe Zufuhren davon kamen nach Hamburg. Nachdem China seit ungefähr 1908 mit dem Export großer Mengen Sesamsaat beginnt, hören die Sendungen aus der Levante überhaupt ganz auf. Deutschland wird der Hauptabnehmer chinesischer Saat. Dem entsprechen auch die nach Hamburg gelangten Zufuhren.

Einfuhr in Hamburg:

von	1890	1900	1908	1910	1913
	dz	dz	dz	dz	dz
der Ostküste Afrikas	6 872	1 749	3 552	13 431	29 582
Großbritannien	3 028	442	409	777	—
brit. Ostindien	5 437	102 794	70 518	228 862	144 392
China	—	3 118	56 038	290 853	187 320
Westafrika	—	1 794	1 102	316	813
den Levanteländern	2 444	5 806	16 124	10 276	1 186
versch. Ländern	1 625	754	1 751	1 163	1 637
insgesamt:	19 406	116 457	149 494	545 678	364 930

Über den Handel mit indischer Sesamsaat ist das Wesentliche bereits im vorhergehenden Abschnitt angeführt. Hier erübrigt sich nur noch festzustellen, wie sich der Handel mit chinesischer Saat vollzog.

Das Zentrum des chinesischen Sesamgeschäfts ist Hankau, wohin die Saat aus dem Hauptproduktionsgebiet Honau auf dem Yang-Tse-Kiang und dessen Nebenflüssen oder aber meist mit der Bahn Peking-Hankau gebracht wird. Wie die große Masse der aus China zum Export nach europäischen Ländern gelangenden Waren, wird auch dieses Produkt in der Regel von den Exporteuren in den Hafenplätzen aufgekauft[1]). Geringe Kenntnis der schwer zu erlernenden Sprache und der Sitten und Gebräuche der Chinesen machen es noch unmöglich, den Einkauf der Landesprodukte in den Anbaugebieten durch eigene Angestellte vornehmen zu lassen. Man ist hier entweder auf den chinesischen Händler oder den ebenfalls eingeborenen Komprador angewiesen. Ersterer kauft die die Saat vom Bauer, der sie auf zweirädrigen Karren nach den Marktplätzen bringt, und führt sie entweder selbst an den Ausfuhrhafen oder überläßt sie weiteren Zwischenhändlern, durch deren Hände sie schließlich zum Exporteur gelangen. Der Komprador kauft nicht für eigene Rechnung, sondern steht im Provisionsverhältnis zu seiner Exportfirma. „Hat ein Komprador ein Angebot von einem Chinesen erhalten, so gibt er dieses an seine europäische Firma weiter, oder diese fordert es auch vielfach direkt ein. Der chinesische Händler hat an allen Marktplätzen seine Einkäufer sitzen, die wieder ihre Agenten in die Herbergen, das sind große, viereckige mit einer Mauer umgebene Höfe, auf denen Schuppen für Unterstellung der Zugtiere uud der Sesamkarren stehen, schicken. Einige europäische Firmen haben Europäer als Einkäufer im Innern, die aber auch Chinesen in die Herbergen schicken müssen[2])“.

[1]) J. Berliner, Organisation u. Betrieb des Exportgeschäftes in China. Hann. 1920.

[2]) P. Klautke, Nutzpflanzen und Nutztiere Chinas. Hannover 1922.

Die am chinesischen Exporthandel beteiligten deutschen Firmen, und die Mehrzahl der Firmen war vor dem Kriege deutsch, haben alle ihr Stammhaus in Deutschland, während die großen englischen es teilweise in China haben. Die Exporteure drahten die ihnen zugehenden Angebote an ihre Stammhäuser oder Filialen und kaufen in der Regel erst auf feste Order, sei es auf eigene Rechnung oder kommissionsweise für Rechnung der heimischen Kunden[1]). Selbstverständlich kommen auch spekulative Käufe vor, zu denen auch Frachtabschlüsse Veranlassung geben können.

An der chinesischen Ausfuhr waren im Jahre 1913 beteiligt:

die Niederlande	mit	50 %
Deutschland	„	34 %
Italien	„	5 1/2 %
Österreich-Ungarn	„	3 1/2 %
England	„	1 1/4 %

Den restlichen Teil nahmen Dänemark und Japan auf. Da der größte Teil des nach Holland gerichteten Sesams für Deutschland bestimmt war, war dieses also der größte Abnehmer chinesischer Sesamsaat[2]).

Die hiesigen Ablader, die Stammhäuser der chinesischen Exporteure für Sesamsaat, waren vor dem Kriege Hamburger Firmen, von denen die Importeure auf dem Markte kauften. Es kam kaum vor, daß die Ölmühlen direkt von den überseeischen Exporteuren bezogen. Gehandelt wurde nach den Kontrakten der I. O. S. A.,[3]) und zwar wurden vorwiegend Lieferungsgeschäfte abgeschlossen. Neben den Hamburger Abladern sandten auch ausländische Firmen ihre Saaten in Konsignation nach Hamburg, während die deutschen Häuser auf ausländischen Märkten nicht tätig waren.

Zur Ausfuhr gelangten aus Hamburg:

	1895	1900	1905	1910	1913
	dz	dz	dz	dz	dz
nach d. Niederlanden	978	1 677	6 108	22 147	21 592
„ Dänemark	18 987	875	13 440	29 307	43 470
„ russ. Ostseehäfen	1 994	3 501	9 033	22 136	18 874
„ Bremen	1 482	45 308	27 672	187 161	73 326
„ d. Rheinprovinz	—	—	—	34 012	13 390
land- u. flußwärts	12 206	11 094	19 866	[4])	[4])
übrige Ausfuhr	3 888	1 522	601	1 869	600
insgesamt:	39 535	63 977	76 720	296 632	171 252

[1]) Berliner, a. a. O. [2]) Klautke a. a. O.

[3]) „Incorporated Oil Seed Association."

[4]) Aus den Statistiken nicht zu entnehmen.

Mehr als die Hälfte der eingeführten Saat wurde also aus dem hamburgischen Wirtschaftsgebiet wieder ausgeführt, z. T. nach den Nord- und Ostseestaaten, hauptsächlich aber nach den Standorten der Ölmüllerei an Rhein und Weser.

3. Baumwollensaat.

Der Hauptsitz der Baumwollsaatölindustrie sind die Vereinigten Staaten von Nordamerika. Dort ist es nach verschiedenen vergeblichen Versuchen zuerst gelungen, die Baumwollsaat ökonomisch zu bearbeiten. Die schwere wirtschaftliche Schädigung, mit der die Südstaaten in den 60er Jahren aus dem Kampfe mit den Nordstaaten hervorgegangen waren, zwangen den Süden zur Industrialisierung[1]. Baumwolle war bisher schlechthin der Exportartikel der Vereinigten Staaten. Was lag also näher, als daß man nunmehr unter dem Druck der Verhältnisse auf eine wirtschaftliche Verwertung der bisher achtlos fortgeworfenen, weil ökonomisch nicht verwertbaren Baumwollsaat sann? Der stark angewachsene Ölbedarf kam hinzu, und der Boden für eine Kottonölindustrie war somit geschaffen. Seit den 80er Jahren nimmt diese ihren Aufschwung zu ungeahnter Höhe. Nach Amerika ging auch England an die Verarbeitung der Baumwollsaat, die ihm in Indien in beliebiger Menge zur Verfügung stand. Die Vereinigten Staaten verarbeiteten 1912 4106000 t dieses Produktes, die Einfuhr von Baumwollsaat nach England betrug im gleichen Jahre rund 600000 t, die auch zum größten Teil von der dortigen Ölmühlenindustrie aufgenommen wurden[2].

Im selben Jahre, in dem in Amerika die ersten Baumwollensaat verarbeitenden Fabriken errichtet wurden (1869), kamen auch die ersten Zufuhren davon nach Hamburg, diese blieben jedoch dauernd so gering, daß die Statistik dies Produkt nur bis 1885 ausweist. Die Einfuhr belief sich

im Jahre	1869	auf	7 750	Ztr.
„ „	1870	„	12 147	„
„ „	1874	„	8 275	„
„ „	1880	„	2 588	dz
„ „	1885	„	3 647	„

[1] Sieveking, Grundzüge der neueren Wirtschaftsgeschichte. Leipzig-Berlin 1923.

[2] Bartram, Die Rohstoffversorgung der deutschen und ausländischen Ölmühlenindustrie. Lübeck 1920.

Die Saat wurde zum größten Teil wieder nach Großbritannien ausgeführt. Dorthin gingen

im Jahre 1874: 5 680 Ztr. bei einer Gesamtausfuhr von 5 865 Ztr.
„ „ 1880: 2088 dz. „ „ „ „ 2 314 dz.
„ „ 1885: 2 538 „ „ „ „ „ 3 151 „

In der Hamburger Statistik erscheint Baumwollensaat zuerst wieder im Jahre 1904 mit einer Einfuhr von 3996,6 t.

England bezog auch in den letzten Jahren vor dem Kriege noch eine erhebliche Menge Baumwollensaat von Hamburg.

Die Ausfuhr seewärts betrug:

	1911	1912	1913
	44 875 dz.	66 858 dz.	64 957 dz.
Davon erhielt England	41 114 dz.	60 771 dz.	60 470 dz.

Folgende Tabelle zeigt, woher die in Hamburg eingeführte Saat kam:

	1905	1910	1913
	dz	dz	dz
aus Ägypten	—	556 892	512 527
„ Britisch-Ostindien	8 134	46 082	5 071
„ d. Vereinigten Staaten	1 454	41 606	19 475
„ Haiti und Portoriko	12 832	14 597	33 871
„ Brasilien	19 566	14 877	1 233
„ Peru	3 177	98	2 728
„ Kolumbien	1 435	3 253	876
„ Süd-Rußland	—	—	8 773
„ Klein-Asien	—	20 511	—
„ Deutsch-Ost-Afrika	1 246	5 522	21 383
„ dem übrigen Afrika	—	9 975	2 315
„ Großbritannien	1 013	—	—
übrige Einfuhr	1 195	7 919	2 778
insgesamt:	50 052	721 332	611 030

Auffallend ist die Tatsache, daß, während 1905 noch der größte Teil der Baumwollensaat aus Nord- und Südamerika kam, Ägypten schon 1910 der Hauptlieferant ist. Hier war England bisher der größte Abnehmer, doch wurde es, wie nachstehende Tabelle zeigt, seit 1907 aus dem Ägyptischen Markt verdrängt[1]):

England erhielt:

	aus Ägypten	aus Britisch-Ostindien
1903	313 000 t	176 000 t
1905	385 000 t	123 000 t

[1]) Bartram a. o. O.

	aus Ägypten	aus Britisch-Ostindien
1907	407 000 t	279 000 t
1909	331 000 t	177 000 t
1911	298 000 t	197 000 t
1913	238 000 t	213 000 t

So günstig wie dieses Zahlenbild erscheint, lagen die Verhältnisse für den Hamburger Handel nun leider nicht. Wohl war es dem deutschen Kaufmann mit großer Energie gelungen, auf dem ägyptischen Markte festen Fuß zu fassen. Er kam, wie überall, erst nachdem sich Angehörige anderer Staaten bereits im Lande festgesetzt hatten, mit deren Konkurrenz er hart zu kämpfen hatte. Hierbei kam ihm allerdings die Sympathie der eingeborenen Bevölkerung zu gute. Doch hatte dies für unseren Handelszweig noch keine Bedeutung.

Wenn auch von den 23 großen Exporthäusern Ägyptens 7 deutsch oder unter deutschem Schutze waren, so befaßte sich von diesen doch keines mit dem Export von Baumwollensaat.

Die Organisation des Exports ist folgende: Nach der Ernte, welche im Oktober/November erfolgt, wird die Samenbaumwolle vom Fellah oder Gutsbesitzer eingelagert und in Säcke gefüllt. Die Agenten der großen Exporthäuser besuchen die Landwirte, kaufen das Produkt gewöhnlich an Ort und Stelle zusammen und führen es in ihre Egrenieranstalten, die über ganz Ägypten verstreut sind[1]). Bei sehr großen Partien sucht wohl auch der Produzent die Egrenieranstalten selber auf, die während der Saison, von November bis Mai, Tag und Nacht arbeiten. Der wichtigste Ort für die Entkörnung der Baumwolle ist Kafr-el-Zajat. Die dortigen Egrenieranstalten sind großenteils in Händen der bedeutenden europäischen Baumwollexporthäuser, die hier in eigener Regie die allenthalben zusammengekaufte Baumwolle entkörnen lassen[2]). Die Entkörnung der Baumwolle auf dem Lande geschieht zur Erleichterung des Transports, da der Samen einen erheblichen Teil, im Durchschnitt $^2/_3$ des Gewichts der in ursprünglichem Zustande befindlichen Baumwolle ausmacht.

Baumwoll- und Baumwollensaathandel sind von der Entkörnung der Samenbaumwolle an meist getrennt. Die Kottonsaat wird von

---

[1]) Siegfried Strakosch, Erwachende Agrarländer. Nationallandwirtschaft in Ägypten und im Sudan unter englischem Einfluß. Berlin 1910.

[2]) Dr. Franz Magnus, Ägypten, seine volkswirtsch. Grundlagen und sein Wirtschaftsleben. Tübingen 1913.

den Großhändlern an die Saatexporteure abgesetzt, die nunmehr auf den europäischen Märkten als Ablader auftreten. Hierunter befanden sich keine Hamburger oder deutschen Firmen. Auch einen selbständigen Importeurstand gab es für dieses Produkt in Hamburg nicht. Die Öl-Saatimporteure betrieben das Baumwollsaatgeschäft als Kommissionäre der ausländischen Ablader. Den Abschlüssen, die meist auf Lieferung lauteten, lagen die Kontrakte der I. O. S. A. zugrunde.

Wie schon erwähnt, ging fast die gesamte Ausfuhr Hamburgs nach England, doch waren dies nur geringe Mengen, etwa $^1/_{10}$ der Einfuhr, die Baumwollsaatölfabriken in Harburg nahmen den größeren Teil auf.

4. Erdnüsse.

Der Welthandel mit Erdnüssen beginnt im Jahre 1840. Damals gelangten die ersten Zufuhren davon nach Marseille, das heute noch der bedeutendste Erdnußmarkt ist. Auch nach Deutschland ist dies Produkt frühzeitig versandt worden, doch hat der Import einen nennenswerten Umfang erst in der jüngsten Zeit angenommen. Frankreich war vor dem Kriege für Erdnüsse aller Provenienzen der beste Abnehmer. Es bezog den größten Teil davon aus seinen Besitzungen in West-Afrika und hatte auch den hervorragendsten Anteil an der chinesischen Ausfuhr. Diese Gebiete bildeten, wie nachstehende Tabelle zeigt, auch die Hauptlieferanten für den hiesigen Markt.

In Hamburg kamen in den Jahren 1890 — 1913 an:

	1890	1900	1905	1910	1913
	dz	dz	dz	dz	dz
von West-Afrika	690	107 264	43 224	53 689	204 477
„ Togo u. Kamerun	in den Zahlen für West-Afrika enthalten				404
„ Ostafrika	6 375	20 139	37 424	36 891	49 197
„ Deutsch-Ostafrika	—	84	333	2 730	19 631
„ brit. Ostindien	507	161	5 263	70 018	88 848
„ franz. „	—	—	25 978	17 990	22 976
„ niederl. „	—	80	1 547	2 150	13 224
„ China	—	163	—	91 701	11 377
„ Kiautschau	—	—	—	—	42 168
„ Argentinien	—	—	10 475	—	—
„ Großbritannien	932	728	2 357	1 817	11 001
„ Frankreich	—	1 494	1 321	3 598	1 419
„ versch. Ländern	614	900	327	2 097	1 966
insgesamt:	9 118	131 013	128 249	282 681	466 688

Westafrika hatte also den größten Anteil am hiesigen Import. Erdnüsse sind schlechthin d a s Exportgut der französischen Kolonie

Senegal. Dort hat sich denn auch eine feste Organisation im Erdnußhandel herausgebildet. Dieser beginnt mit dem Anfang der Ernte, Ende Oktober, Anfang November, nimmt allmählich zu, bis er im Januar und Februar seinen Höhepunkt erreicht, und vermindert sich dann wieder. Die Aufkäufer (traitants), die entweder für eigene Rechnung oder für Rechnung der Handelshäuser kaufen, haben ihren Sitz an den Stellen, von wo der Abtransport des Produktes keine Schwierigkeiten bereitet[1]). Neben diesen Handelsplätzen (escales), eine Art Zweigniederlassung der Handelshäuser (sortes de succursales des Maisons de commerce), an dessen Spitze häufig ein Eingeborener steht, gibt es noch viele kleinere Händler, die natürlich die Produktion zu Ungunsten des eingeborenen Bauern belasten. Die Erdnüsse werden heute meist in bar bezahlt, der Ankauf gegen Naturalien wird immer seltener. Die in die Hände der Händler übergegangenen Nüsse werden, wenn sie nicht gleich abgefahren werden können, auf Haufen (seccos) zusammengeworfen. Diese Seccos erreichen an den Verschiffungsplätzen eine wirklich recht beachtenswerte Höhe. Die Verladung in den Dampfern geschieht meist in Säcken. Der wichtigste Ausfuhrhafen Senegals ist Rufisque. Die Ausfuhr dieser Kolonie beträgt durchschnittlich 100 Millionen kg im Jahr. Von geringerer Bedeutung sind die Ausfuhren aus Französisch-Guinea, der Côte d'Ivoire und Dahomey.

Als nächstwichtigster Erdnußlieferant kam für Hamburg Britisch-Ostindien in Frage. Wie sich das Sammeln der Nüsse dort im allgemeinen vollzieht, ist bereits weiter oben (Abschnitt A. 1) erwähnt. Der Aufkauf dieses Produktes in China geht ähnlich wie der von Sesamsaat vor sich (siehe Abschnitt A. 2). Der Haupthandelsplatz Chinas für Erdnüsse ist Tsingtau, von wo vor dem Kriege 42% der Nüsse verschifft wurden[2]). Frankreich war unter den europäischen Abnehmern während der letzten Jahre vor dem Kriege der größte; Deutschland stand an zweiter Stelle[3]).

Neben den Hamburger China- und Afrikahäusern traten auch ausländische Ablader in Hamburg auf. Diesen standen Saatimporteure gegenüber, die die Erdnüsse für eigene Rechnung handelten. Doch kam es auch vor, daß Partien von den Vertretern der Ablader durch die Hände mehrerer nicht für eigene Rechnung tätigen Mittels-

---

[1]) Jean Adam, L'Arachide, Culture, Produit, Commerce. Paris 1908.

[2]) Klautke, a. a. O.

[3]) Deutsches Handelsarchiv 1914, Bd. 2, S. 222.

personen an die Mühlen gelangten. Die Mehrzahl der Abschlüsse wurde nach Londoner Kontrakten getätigt. Zur Ausfuhr gelangten 1913:

nach den Niederlanden	46 734	dz.
nach Belgien	16 539	
nach d. Rheingebiet und Luxemburg	14 144	„
nach Bremen	25 339	„
übrige Ausfuhr	7 760	„
insgesamt:	110 516	dz.

5. Sojabohnen.

Die Brauchbarkeit der Sojabohne zur Ölgewinnung ist in Europa erst spät erkannt worden. Dieser Rohstoff wurde in größeren Mengen zur Ölgewinnung zuerst in England im Jahre 1909 eingeführt. Die Einfuhr nach dort belief sich

1910	auf	421 000 t
1911	„	22 000 t
1912	„	188 000 t
1913	„	76 000 t

Deutschland ging erst 1910 dazu über, Sojabohnen zu importieren. Diese unterlagen nach den Bestimmungen des Zolltarifs bisher, da sie unter Rubrik Hülsenfrüchte fielen, einem Einfuhrzoll von 20 M. bezw. 40 M. per Tonne für die Einfuhr aus Vertrags- bezw. Nichtvertragsländern. Da aber die Sojabohne ihre Hauptbedeutung für die Ölgewinnung hatte, so beantragte 1909 der Verband der deutschen Ölmühlen beim Reichstag deren zollfreie Einfuhr. Diesem Antrage wurde auch stattgegeben. Sofort wurden erhebliche Mengen Sojabohnen nach Deutschland gebracht. In Hamburg wurden eingeführt:

	1910	1911	1912	1913
	dz	dz	dz	dz
von russ. Asien	312 787	284 294	—	340 376
„ China	82 816	42 484	489 407	66 755
„ Japan	1 881	101	1 169	170
„ versch. Ländern	12	129	30	590
insgesamt:	397 496	327 008	490 606	407 891

Ein schwedischer Dampfer brachte im Dezember 1910 die erste Ladung Sojabohnen nach Aufhebung des Einfuhrzolles nach Hamburg. Es waren 4600 t, denen weitere große Sendungen folgten. Der erste wichtigste Ablader für Sojabohnen in Deutschland war die

Mandschurische Exportcomp. m. b. H. mit dem Sitz in Hamburg[1]). Unter den hauptsächlichsten Verschiffern von Sojabohnen befand sich als weitere Firma die Hamburger Firma Henry P. Newman & Co.[2]). Beide waren jedoch Niederlassungen ausländischer Stammhäuser. Als erster Verarbeiter dieses Rohstoffes können wohl Thörls Vereinigte Ölfabriken, Harburg, angesehen werden.

Die nach Europa verschifften Bohnen sind ausschließlich mandschurischer Herkunft. In der Südmandschurei spielen sie als Ausfuhrgut die erste Rolle. Die Mehrzahl der chinesischen Bohnenhändler machen ihre Einkäufe in den außenliegenden Anbaugebieten der Provinz Kirin und in verschiedenen Distrikten im Südosten von Mandschuli[3]). Manchmal bringen die Pflanzer die Bohnen selbst an den günstigsten Marktplatz. Ungefähr 80% der Käufer decken sich in den Anbaugebieten ein, während die übrigen 20% auf den verschiedenen Märkten einkaufen. Es scheint eine steigende Tendenz vorhanden zu sein, Sammelplätze für die Bohnen einzurichten. In den meisten Anbaugebieten sind schon bestimmte als Sammelpunkte bekannte Plätze vorhanden, nach denen die Bohnenpflanzer ihre Produkte mittels Karren zwecks Verkaufs an die Aufkäufer (lokale Händler oder Agenten der Großhändler), die die Bohnen gewöhnlich per Eisenbahn zu den großen Firmen in Changchun, Tiekling, Kaiyuan, Hsinminfu usw. befördern, bringen. Ein Teil der Vermittler sind Vertrauensleute, die die Bohnen von den Farmern erhalten und sie zu den Käufern bringen. — In der Südmandschurei gehen die Bohnen gewöhnlich nur durch ein paar Hände — von den Pflanzern zu den in den Anbaugebieten ansässigen Aufkäufern und von diesen zu den Großhändlern, die sie an die Bohnenmühlen oder die Exporteure verkaufen. Aber die Bohnen aus den entfernteren Gebieten der Nordmandschurei gehen meist durch viele Hände; z. B. werden die Bohnen aus Manchouli an die dortigen Aufkäufer, dann in Harbin, Changchun oder Kaiyuan und schließlich in Niutschwang oder Dairen verkauft.

Die Ausfuhr der mandschurischen Bohnen fand vor dem Kriege fast zu gleichen Teilen über Wladiwostock und Dalny statt. Wladiwostock ist dem Stapelplatz für Sojabohnen um fast 1/3 näher als Dalny, so daß der Transport nach dort bei den geringen russischen Frachtsätzen erheblich billiger war. Wladiwostock hat auch einen

[1]) Technische Rundschau, Berlin, vom 14. 12. 1910.

[2]) Hamburger Nachrichten vom 19. 4. 1910.

[3]) Commerce Reports, Washington, vom 26. 4. 1918.

besser geschützten Hafen, welcher für jede Art Schiffe leicht zugänglich ist. Aus diesen Gründen wurde er für die japanische und europäische Ausfuhr bevorzugt, während über Dalny in der Hauptsache nach China ausgeführt wurde. Wie aus der Tabelle S. 29 hervorgeht, kam auch für den hiesigen Import Wladiwostock als wichtigster Verladehafen in Frage. Im Gegensatz zu den übrigen chinesischen Ölfrüchten wurden Sojabohnen nur von ausländischen Abladern nach Hamburg verschifft. Einen selbständigen Importeurstand gab es für dieses Produkt nicht, da die Vertreter der Ablader ihre Ware durch Makler oder andere Mittelspersonen direkt an die Ölmühlen absetzen ließen.

6. Kopra.

Wenden wir uns nunmehr den für die deutsche Ölmüllerei wichtigsten und wertvollsten Rohstoffen: Kopra und Palmkerne zu. Der Wert dieser beiden Produkte für die Ölgewinnung ist schon frühzeitig in Deutschland erkannt worden. Bereits um die Mitte des vorigen Jahrh. wurden außer den in den Anbaugebieten daraus gewonnenen Ölen Kopra und Palmkerne hier eingeführt. Vornehmlich waren es Hamburger Häuser, die den direkten Handel mit überseeischen Ländern, insbesondere Afrika aufnahmen, und deren Initiative ist es wohl zu verdanken, daß Deutschland eines der führenden Länder in der Ölmüllerei und Hamburg der bedeutendste Marktplatz für Kopra und Palmkerne wurde. Dieser Umstand ist um so beachtenswerter, als es sich hier um die beiden ölhaltigsten Rohstoffe handelt, von denen Deutschland der größte Konsument auf dem Weltmarkt war. England verarbeitete vor dem Kriege fast ausschließlich die ölarmen Saaten, die es aus seinen überseeischen Besitzungen bezog. Deutschland, das Kolonien erst sehr spät erworben hat, in denen Rohstoffe für die Ölmüllerei zunächst nur in ganz bescheidenem Maße angebaut wurden, mußte Wert darauf legen, möglichst fettreiche Stoffe einzuführen; denn die Ölrohstoffe bildeten einen recht bedeutenden Posten auf der Passivseite seiner Handelsbilanz. So trägt denn auch diese Tatsache zu der Bedeutung bei, die Hamburg für die Versorgung Deutschland mit Ölrohstoffen hat. Diese Stellung innerhalb der deutschen Ölwirtschaft ist aber auch nicht zum mindesten durch die Nähe des Harburger Standortes der Ölmüllerei bedingt, wo die beiden in Rede stehenden Rohstoffe zuerst verarbeitet wurden, und der sich im Laufe der Zeit zu dem Standardproduktionsort für Palmkerne und Kokosöl entwickelt hat.

Kurz vor dem Kriege war Deutschland der größte Kopraimporteur der Welt geworden. Bis zum Jahre 1909 hatte Frankreich diese Stellung inne, und zwar wohl hauptsächlich auf Grund seiner günstigen Lage. Marseille, der alte Ölmarkt, liegt direkt an der Schiffahrtsstraße nach den Südseeländern, und hatte somit eine leichte Bezugsmöglichkeit für Kopra. Die Kopraeinfuhren in Frankreich betrugen:

1901	1906	1909	1912
88 000 t	111 000 t	141 000 t	166 000 t

Der Kopraimport Deutschlands steigerte sich folgendermaßen:

1907	1908	1909	1910	1911	1912	1913
49 000 t	83 000 t	112 000 t	135 000 t	148 000 t	183 000 t	196 000 t

Es hat also eine erstaunliche Vermehrung der Zufuhren nach Deutschland stattgefunden, die 1913 das vierfache von denen des Jahres 1907 ausmachten. Die Bedeutung der Kokospalme wird um jene Zeit allgemein erkannt, und es ist daher nicht verwunderlich, wenn „The Financial News“ (London) in ihrer Ausgabe vom 17. Juni 1914 unter der Überschrift „The Rise of Coconut“ folgende Bemerkungen bringen: „Are you interested in Coconut? One hears this question on all sides. In the trains, in the club-house, in the city-luncheonbar, and even in society, it is canvassed with a frequency that suggests something more than appears on the surface.“

Nachstehende Tabelle zeigt, welche Länder an dem hiesigen Import teilnahmen.

Einfuhr in Hamburg:

	1890	1900	1905	1910	1913
	dz	dz	dz	dz	dz
von niederl. Ostindien	8 344	69 380	352 772	765 715	636 430
„ brit. „	9 497	81 941	249 541	553 020	1 123 407
„ Singapore	12 449	3 955	42 630	119 847	—
„ deutsch. Südseeinseln	—	13 981	58 526	53 128	141 653
„ franz. „	11 304	—	—	20 830	18 059
„ engl. „	—	8 493	6 683	16 047	10 195
„ Neu Guinea	—	—	1 637	21 288	s. o.!
„ Samoa	—	—	—	33 358	47 719
„ d. Philippinen	26	310	27 197	99 230	179 009
„ Australien (Festland)	2 648	23 868	10 777	145 418	106 537
„ Ostafrika	1 614	546	578	423	3 894
„ Deutsch-Ostafrika	—	—	1 468	5 475	2 922
„ Westafrika	335	926	83	1 676	2 022
„ Togo	—	—	161	979	969
„ Großbritannien	7 419	999	14 420	1 587	2 250
„ d. Niederlanden	50	611	104 820	13 077	21 516
„ versch., bes. amerik. Ländern	11	5 331	10 354	23 460	7 393
insgesamt:	53 697	210 341	881 647	1 874 558	2 303 975

Kokosöl wurde in den Gebieten der Kokospalme von den Eingeborenen für eigenen Bedarf schon von altersher gewonnen. In den Gegenden mit einer alten originären Ölindustrie wird man zu diesem Zwecke auch die Kokosnüsse zu Kopra aufbereitet haben, und in diesem Zustande kam die Frucht ja für die Verschiffung nach Europa überhaupt nur in Frage. Doch war Kopra natürlich anfangs in nennenswerter Menge nicht vorhanden. Erst der Handel, der den Eingeborenen die Erzeugnisse Europas zuführte, hat die systematische Bearbeitung der Kokosnüsse auf Kopra eingeführt, indem er den Bewohnern der Kokospalmgebiete bedeutete, daß ihm die Kopra ein willkommener Gegenwert für die verschiedenen nützlichen und unnützlichen Artikel, die sie erhalten hatten, sei. Ein großes Verdienst um die Einführung der Kopraaufbereitung hat das Hamburger Handelshaus Godeffroy sich erworben. „Theodor Weber[1]), der Leiter der Niederlassungen in der Südsee, legte die erste Palmenpflanzung 1865, 1867 die zweite an. 1867—1869 führte er die sogenannte Koprabereitung ein, wodurch ein Ölverlust durch Auslecken der nach Europa transportierten Fässer in hohem Maße verhindert und die Intensität der Ausnutzung gesteigert wurde, ein Verfahren, das für die wirtschaftliche Entwicklung der ganzen Südsee von entscheidender Bedeutung wurde. Zur Plantagenarbeit, teilweise auch zum Zuschneiden und Trocknen des Kokosnußkernes, eben der Kopra, dingte man auf den Kingsmill- und Marschallinseln Mikronesier, und es ist immer der hohe zivilisatorische Einfluß der Godeffroy-Weberschen Organisation dieser schwarzen Arbeit im Gegensatz zu den großen Mißgriffen der Engländer hervorgehoben worden". Allein diese eine Firma führte im Jahre 1877 rund 7500 t aus, eine Menge, die die Hamburger Einfuhr weit übertraf.

Aber mit Ausnahme einiger verhältnismäßig wenig zahlreicher größerer Unternehmungen, zu denen u. a. auch die „Deutsche Handels- und Plantagengesellschaft der Südseeinseln", die das Godeffroysche Geschäft nach dessen Konkurs fortführte, und das „Eastern Palm Estate Syndicate" gehören, ist die Kokospalmenkultur noch heute fast ganz in den Händen der Eingeborenen. Große Mengen Kopra werden in kleinen Segelschiffen zusammengeholt, die zwischen den pazifischen Inseln, ihren Flüssen und Buchten, an den Küsten der Papua-Inseln, von Borneo und des malayischen Archipels verkehren. Die Ausfuhr der Kopra aus den Produktionsgebieten erfolgt nicht direkt nach

[1]) Hertz, Das Hamburger Seehandelshaus J. C. Godeffroy. Hbg. 1922.

den Konsumtionszentren, sondern nach den Knotenpunkten der Schiffahrts- und Kabellinien, als Singapore für den ganzen hinterindischen Archipel, Sidney für den pazifischen Ozean und Sansibar für die ostafrikanischen Küsten und Inseln. Dorthin bringen eben jene kleinen Schiffe ihre Ladung. „Durch das Zusammtreffen der verschiedenen Momente, wie reichliche Zufuhr aus einem ausgedehnten Produktionsgebiet, örtliche Nachfrage von Seiten der ansässigen Ölindustrie und das Zusammenlaufen der Einkaufsorders aus Europa (auf telegraphischem Wege) werden diese Stapelplätze zum eigentlichen Weltmarkt für Kopra gemacht"[1].

Neben die zahlreichen Vertreter des Importhandels, die außer Kopra auch noch alle anderen Ausfuhrgüter des von ihnen bearbeiteten Gebietes einführen, treten in Marseille, Hamburg, Amsterdam und London die Großimporteure für Kopra, die, ausgestattet mit großen Kapitalien und einem weitzerstreuten Stab von Mitarbeitern, die Hauptrepräsentanten des Koprahandels sind. Bei diesen Importeuren decken die Ölmühlen und die von letzteren sich immer mehr freimachende Speisefettindustrie ihren Bedarf an Kopra, und zwar meist in der Form des Lieferungsgeschäftes.

Unter den hiesigen Abladern kamen als Hamburger Firmen nur die großen Südseeunternehmungen mit ausgedehntem Plantagenbesitz, die aber auch andere Erzeugnisse ihres überseeischen Arbeitsfeldes einführten, in Frage. Überwiegend war jedoch die große Zahl der fremden, besonders holländischen und englischen Häuser, die hier ihre Zweigniederlassungen oder Vertretungen hatten. Von diesen kauften die Importeure für eigene Rechnung. Manche Ladung wurde auch in Konsignation nach Hamburg gegeben, da die Ablader hier mit ziemlicher Sicherheit auf Absatz rechnen konnten, und schwimmend nach anderen Plätzen verkauft. In Kopra fand teilweise ein umfangreicher Zwischenhandel statt, bei dem eine Anzahl Makler und andere Mittelspersonen tätig waren.

Den meisten Abschlüssen lagen die Kontrakte der Kopra Association in Liverpool zugrunde. Teilweise wurden auch niederländische Kontrakte benutzt.

Die Ausfuhr u. a. nach den Nord- und Ostseestaaten war recht beträchtlich. Sie zeigte im ganzen folgendes Bild:

---

[1]) Birk, Kopra-Produktion und Kopra-Handel. Kiel 1914.

	1890	1895	1900	1905	1910	1913
	dz	dz	dz	dz	dz	dz
nach russ. Ostseehäfen	6 350	50 544	29 528	189 562	218 637	263 916
„ Dänemark	5 703	7 013	41 350	69 265	166 881	227 220
„ Belgien	249	—	—	1 338	6 744	11 873
„ Norwegen	—	—	—	182	13 924	41 465
„ Bremen	313	—	2 865	30 264	142 757	176 272
„ d. Oberelbe	26 936	28 597	113 068	291 973	420 290	333 204
per Eisenbahn	16 364	5 752	5 627	48 445	10 064	11 490
übrige Ausfuhr	2 892	891	2 778	12 823	15 865	12 821
insgesamt:	58 807	92 797	195 216	643 852	995 162	1 078 261

7. Palmkerne.

Der Anteil Deutschlands an dem Konsum der Weltproduktion von Palmkernen war noch größer als der Anteil an der Weltkopraernte. Rund $^3/_4$ der gesamten Ausfuhr von Palmkernen aus West- und Mittelafrika, und nur diese Gebiete kamen ja als Lieferanten für den Weltmarkt überhaupt in Frage, ging nach Hamburg. Kam von den bisher aufgeführten Rohstoffen schon ein erheblicher Teil aus britischen Besitzungen, so ist hier zu bemerken, daß die weitaus größte Menge aus englischen Kolonien und nur ein verschwindend kleiner Teil - 7,5% - aus deutschen und französischen Besitzungen hier eingeführt wurde. Hamburg war zum Mittelpunkt des Palmkernhandels geworden, an welcher Entwicklung die frühzeitig mit der Westküste Afrikas angeknüpften Handelsbeziehungen Hamburger Häuser den überragenden Anteil haben. Auf dem Hamburger Markt traf sich das konzentrierte Angebot mit der leicht übersehbaren Nachfrage, hier bildete sich der Preis. Die ganze Palmkerneinfuhr Deutschlands ging über Hamburg. Hierzu hat ganz wesentlich der Umstand beigetragen, daß die deutschen Ölmühlen, und besonders die Harburger Fabriken, ihre Betriebe dauernd vergrößerten und eine fast unbegrenzte Aufnahmefähigkeit zeigten, der der Handel nur mit Mühe gerecht werden konnte. Der Bedarf schrieb diesem immer den Weg vor, und es haben sich in Hamburg niemals große Mengen ansammeln können, vielmehr herrschte zeitweilig geradezu ein Mangel an diesem Produkt. So heißt es in dem von der Handelskammer herausgegebenen Bericht über Hamburgs Handel im Jahre 1890: „Die Einfuhr erreichte im Jahre 1890 das Quantum von ca. 70 000 t, welche von dem Konsum das ganze Jahr hindurch schlank aufgenommen wurden. Die Aufnahmefähigkeit der deutschen Kernölfabriken hatte sich im Laufe des

Jahres 1889 nicht unwesentlich vergrößert und stellte infolgedessen an den Import Ansprüche, welche in der ersten Hälfte des verflossenen Jahres nur ungenügende Befriedigung fanden."

Und 1905 lesen wir an der gleichen Stelle: „Die Einfuhr beträgt 156 400 t und genügte wiederum nicht, um die deutschen Kernölfabriken während des ganzen Jahres voll mit Palmkernen zu beschäftigen. Infolgedessen war es den Fabriken nicht möglich, sich durch Vorräte von den Zufälligkeiten der Einfuhr unabhängig zu machen. Es wurde fast überall von Hand zu Mund gearbeitet, während der ersten sechs Monate unter fortwährenden bedeutenden Preisschwankungen, welche oft ihre Erklärung nur darin fanden, daß dringend erwartete Zufuhren sich um eine Woche verspäteten oder sich in großer Menge auf wenige Tage zusammendrängten. — Bis zum Juli hatten die Zufuhren die des vorhergehenden Jahres übertroffen; die folgenden fünf Monate, welche alljährlich die stärkste Einfuhr bringen sollten, ergaben einen Ausfall gegen 1904, welcher sich noch empfindlicher bemerkbar gemacht haben würde, wenn nicht ein Teil der Kernölfabriken zur Verarbeitung von Kopra übergegangen wäre, als Kernpreise 13,90 M. erreichten."

Folgende Tabelle gibt die Einfuhr in Hamburg, nach Herkunftsländern getrennt, an:

	1890	1900	1905	1910	1913
	dz	dz	dz	dz	dz
von Westafrika	613 315	1 154 797	1 496 453	2 458 252	2 233 610
„ Deutsch-Westafrika	—	87 079	109 585	s.	u.!
„ Togo	—	—	—	81 172	71 763
„ Kamerun	—	—	—	103 357	140 635
„ Zanzibar	—	109	148	341	471
„ Ostafrika	231	—	94	—	—
„ Paraguay	—	—	1 069	362	—
„ Großbritannien	14 496	6 556	5 993	9 893	9 859
„ Portugal	1 618	—	—	2 261	118
„ Frankreich	—	—	661	752	297
„ d. Niederlanden	—	134	101	87	—
„ Belgien	—	111	—	—	—
„ verschiedenen Ländern	23	66	70	261	1 572
insgesamt:	629 683	1 248 852	1 614 174	2 656 738	2 458 325

Auch die Gewinnung von Öl aus den Früchten der Ölpalme wird von den Eingeborenen der betreffenden Gebiete seit langem betrieben, doch verwertete man zu diesem Zwecke zunächst nur den fleischigen Teil der Frucht, während der harte Kern in irgend einer Zubereitung als Nahrungsmittel diente. Diesen der Ölmüllerei als Rohstoff zugeführt zu haben, das ist das Verdienst des deutschen und besonders des Hamburger Kaufmanns. Eine Würdigung dessen finden wir in der „Financial News“[1]). Dort heißt es: „Das Sammeln der Palmkerne und des Palmöls ist hauptsächlich Sache einer gewissen Klasse von Eingeborenen, der Zwischenhändler (middlemen). Dieser middle-man setzt, gewöhnlich an einem Fluß oder Bach, einen Markttag an, wo er die Palmöl-„Fabrikanten“ oder Kernsammler erwartet und mit ihnen über den Preis feilscht. Der Sammler schafft seine Produkte in Petroleumfässern oder in selbstgefertigten Gefäßen (meist aus der Frucht des Flaschenkürbis hergestellt) heran und, nachdem der „middle-man“ den Preis auf ein Minimum herabgedrückt hat, überläßt er diesem seine Ware, wofür er, wenn es sich nur um eine geringe Menge dreht, Barzahlung erhält. Bei größeren Quantitäten und wenn es sich um eine größere Summe handelt, als der Zwischenhändler auszahlen kann, erhält der Käufer eine Anzahlung und den Saldo, nachdem jener das Produkt an die europäische Faktorei verkauft hat. Der Zwischenhändler hält sich über die europäischen Marktnotierungen auf dem Laufenden und verkauft an die Faktorei zu einem Preise, dessen Höhe in seinem Belieben steht, wobei er einen ganz erheblichen Gewinn erzielt“. Dieser wird jedoch meist wieder an Ort und Stelle umgesetzt. In demselben „store“, in dem er seine Waren verkauft, macht der Eingeborene seine Einkäufe und kehrt oft ohne erhebliche Bargeldmengen zurück, so daß er gegenüber seinen Gläubigern in Schwierigkeiten gerät.

„Zwischen den Stores an der Küste besteht ein eifriger Wettbewerb beim Ankauf der Produkte, und dies führt dazu, daß Preise an die ganz verschlagenen Zwischenhändler gezahlt werden, die oft keinen Profit zutage treten lassen, doch dieser wird durch die von den Faktoreien verkauften Waren wieder eingebracht. Der beste Weg, sich des Zwischenhändlers zu versichern, um damit eine feste Bezugsmöglichkeit für die Produkte zu haben, ist der, ihm in seinem Geschäftsbezirk Konkurrenz zu machen. Der eingeborene Ölerzeuger und Kernsammler zieht es vor, direkt mit dem Europäer zu handeln. Den Deutschen ist dies gelungen und ihr Erfolg, den Palmkernhandel an sich zu ziehen, ist dem Umstand zuzuschreiben, daß sie die Stellung der middlemen eingenommen haben und diese beschäftigen, wobei sie die Bankiers waren.[2])

[1]) The Financial News, London, v. 11. 8. 1915.

[2]) Palmkerne sind wohl der einzige Rohstoff, den der deutsche Kaufmann aus erster Hand erwirbt.

„Der Hamburger Kaufmann unterhielt Zweigniederlassungen an der Küste und beschäftigte weiße Angestellte damit, die Häuptlinge und die eingeborenen Palmkernsammler aufzusuchen, um direkt einzukaufen. Diese weißen Kaufleute stellten die schwarzen Zwischenhändler für die Einleitung von Geschäften gegen Provision an und beschäftigten auch einige in Gehalt. Der Vorsprung, den die Deutschen im Palmkernhandel hatten, wird durch die Tatsache veranschaulicht, daß im Jahre 1906 die Palmkerneinfuhr nach Hamburg und Harburg diejenige von Liverpool um 125 725 t übertraf und daß vor dem Kriege dort rund 280 000 t mehr als in Liverpool eingeführt wurden. Ihr System beim Sammeln der Rohstoffe ist wohlbegründet, und es würde sich bezahlt machen, wenn wir es nachahmten, entweder indem wir lokale Kredite gewähren und europäische Einkaufsagenten anstellen, die ihre Vergütung entsprechend den verladebereiten Produkten erhalten, oder indem wir Einkaufszentralen für Palmfrüchte und Kerne einrichten und in reichen Ölpalmbezirken Ölmühlen bauen.“ — Inwieweit es dem Engländer gelungen ist, sich die Geschäftserfahrung der Deutschen zu eigen zu machen, davon wird weiter unten die Rede sein.

Wie das Haus Godeffroy als Pionier deutschen Handels und des Welthandels überhaupt in der Südsee anzusehen ist, so das Haus Woermann für Westafrika und wie die Firma Godeffroy Handelsniederlassungen und Plantagen in der Südsee gründete, um dadurch stets eine gute Fracht für ihre Schiffe zu erhalten, so ist umgekehrt das rasche Aufblühen der afrikanischen Dampfergesellschaft, der heutigen Woermannlinie, im wesentlichen zurückzuführen auf die vielseitigen Handelsbeziehungen Hamburger Häuser, voran das Haus Woermann, mit der Westafrikanischen Küste und nicht zuletzt auf die guten Frachten, die dauernd durch den Versand der großen Mengen Palmkerne erzielt wurden; ja, man kann wohl mit der „Hamburger Börsenhalle“ sagen, daß der Massenverbrauch gerade dieses Artikels die Entstehung der Reederei zur Folge gehabt hat.

Neben den großen Afrikahäusern in Hamburg traten als Ablader für Palmkerne englische Firmen aus den britischen Besitzungen in Afrika auf, ja, diese standen der Zahl nach schon vor dem Kriege an erster Stelle. Aber ein ausgedehnter selbständiger Importeurstand hielt den Schwerpunkt des Handels in Hamburg und trug viel zur Belebung des Geschäftes bei. Daß die Mühlen direkt von den Abladern kauften, kam nur vereinzelt vor, fast durchweg versorgten sie sich durch die Importeure. Gehandelt wurde nach Liverpooler

Kontrakten, von denen es zwei Arten gab. Die eine ließ 5 % Beimischung zu und sah Hamburger Analyse vor, die andere schrieb 49 % Ölgehalt vor und Analyse in Liverpool.

Die Ausfuhr von Palmkernen nach außerdeutschen Gebieten war nur gering. Der größte ausländische Abnehmer waren die Niederlande. Auf die Verarbeitung von Palmkernen war eben nur die deutsche Müllerei eingestellt. Die Statistik zeigt folgende Zahlen für die Ausfuhr:

	1890	1895	1900	1905	1910	1913
	dz	dz	dz	dz	dz	dz
nach d. Niederlanden	3 612	1 616	20 339	57 932	93 067	107 302
„ Großbrit.	26	—	486	300	3 076	879
„ russ. Ostseehäfen	1 497	—	1 517	1 064	15 529	3 026
„ Bremen	20	5 316	19 642	10 294	105 834	316 268
„ der Rheinprovinz	—	—	64 465	14 296	113 420	399 557
„ Ost- und Westpreuß. u. Pommern	—	—	—	—	—	114 961
„ Schleswig	27 617	10 075	48 873	61 053	92 449	82 913
„ d. Oberelbe	251 196	336 898	428 558	375 449	630 303	543 343
per Eisenbahn	7 241	8 007	3 941	9 023	79	5 011
übrige Ausfuhr	—	864	10 733	7 783	12 457	24 138
insgesamt:	291 209	362 776	598 554	537 194	1 066 214	1 597 398

B. Die Organisation des Öl- und Ölkuchenhandels.

Die Entwicklung des Hamburger Handels mit pflanzlichen Ölen und Ölkuchen, also den Erzeugnissen der Ölmüllerei, hat seit der Mitte des vorigen Jahrhunderts einen ganz anderen Weg genommen als diejenige des Handels mit Ölrohstoffen. Ging die Entwicklung des letzteren dahin, Hamburg die führende Stellung in der Rohstoffversorgung der deutschen Ölmühlen zu geben, ja, es zum Einfallstor für Ölfrüchte nicht nur für den deutschen Bedarf zu machen, so trat in dem Handel mit Ölen und Ölkuchen eine wesentliche Änderung nicht ein. Man hätte erwarten können, daß für die Erzeugnisse der Ölmüllerei in Hamburg der dominierende Markt entstanden wäre, der den Fabriken den Absatz ihrer Produkte abnahm oder erleichterte. Das war aber nicht der Fall. Ein Grund hierfür ist schon mehrfach erwähnt: Der dauernd steigende Bedarf, der es nicht nötig machte, den Konsum über den Markt zu decken oder gar anzuregen. Als anderer wichtiger Grund ist die Kapitalkraft und ausgezeichnete Organisation der Ölmühlen anzuführen, die besonders infolge des letzteren Umstandes vom Lieferungsmarkt selten Gebrauch machen.

Folgende Übersichten ermöglichen einen Vergleich der Mengen der in Hamburg und im Deutschen Reich eingeführten Öle.

Einfuhr in Hamburg:

	Olivenöl	Leinöl	Rüböl	Sesamöl	Baumwollsaatöl	Erdnußöl
	dz	dz	dz	dz	dz	dz
1865	80 605	100 156	57 691	551	41 873	1 043
1870	48 210	152 423	38 639	1 212	14 296	269
1875	66 636	250 938	98 798	—	31 225	—
1880	26 761	116 825	51 551	—	15 777	—
1885	41 713	153 506	39 884	—	30 922	—
1890	34 207	167 702	42 968	3 704	68 106	—
1895	31 629	117 129	27 576	6 240	125 518	—
1900	32 330	90 718	35 887	4 281	170 676	—
1905	40 340	89 034	45 060	4 019	183 350	—
1910	23 179	24 099	21 911	21 868	99 605	20 515
1913	12 460	32 740	20 031	6 340	82 324	4 761

	Sojabohnenöl	Kokosöl	Palmöl	Palmkernöl
	dz	dz	dz	dz
1865	—	42 643	46 765	—
1870	—	40 323	35 102	—
1875	—	53 573	103 183	—
1880	—	28 809	79 911	—
1885	—	22 650	160 548	—
1890	—	23 391	95 999	—
1895	—	28 061	157 795	
1900	—	33 904	166 965	
1905	—	85 267	147 027	
1910	—	160 247	249 804	
1913	—	75 218	198 894	

Einfuhr in Deutschland:

	Olivenöl	Leinöl	Rüböl	Sesamöl	Baumwollsaatöl
	dz	dz	dz	dz	dz
1875	175 436	808 706	—	—	—
1880	106 131	354 873	31 335	—	—
1885	110 861	454 590	11 036	—	75 224
1890	65 892	453 360	13 082	—	205 292
1895	67 989	203 955	1 938	—	291 830
1900	73 280	68 794	2 277	—	255 082
1905	53 894	33 549	1 606	—	293 183
1910	47 392	19 061	8 630	7 688	184 348
1913	22 850	31 648	11 748	6 915	162 803

	Erdnußöl	Soja-bohnenöl	Kokosöl	Palmöl	Palm-kernöl
	dz	dz	dz	dz	dz
1875	—	—	113 071	236 587	—
1880	—	—	45 059	73 137	—
1885	—	—	—	133 155	—
1890	—	—	—	175 694	—
1895	1 033	—	—	158 463	—
1900	—	—	—	146 707	—
1905	—	—	43 589	92 263	—
1910	10 558	—	89 062	160 335	666
1913	5 142	31 399	5 944	150 717	485

Man kann aus diesen Aufstellungen nicht ohne weiteres schließen, daß die Versorgung Deutschlands mit Ölen ausländischer Herkunft, insbesondere Lein- und Rüböl, Sesam-, Kokos-, Palm- und Palmkernöl durch den Hamburger Handel erfolgte; denn die Hamburger Statistik umfaßt ja auch die nur in das Freihafengebiet gelangenden Waren, die wieder ausgeführt werden können, ohne in das Zollinland gelangt zu sein. Immerhin ist aber anzunehmen, und diese Annahme bestätigen die weiter unten aufgeführten Statistiken über Ein- und Ausfuhr der verschiedenen Öle, daß der größte Teil der deutschen Einfuhr über Hamburg ging.

1. Olivenöl.

Die große Rolle, die die Erzeugnisse des Ölbaumes, Oliven und Olivenöl, noch bis in die Mitte des vorigen Jahrhunderts im Welthandel spielten, haben diese Artikel in der neuesten Zeit ganz aufgeben müssen. Im grellsten Gegensatz zu der hohen wirtschaftlichen Bedeutung, die ihnen in ihren Produktionsländern zukommt, sind sie für den Welthandel heute nur noch von untergeordnetem Interesse. Weitaus der größte Teil des Olivenöls wird in den Erzeugungsländern selbst verbraucht, zum Teil als Speiseöle, zum Teil für chemische und industrielle Zwecke, und nur ein geringer Teil gelangt zur Ausfuhr. Schätzungsweise beläuft sich die Olivenölproduktion der Erde auf rund 5 Millionen hl, wovon 1913 nur ungefähr $1^1/_2$ Mill. Zentner in den internationalen Handel kamen[1]).

[1]) Produits Oléagineux et Huiles Végétales. Rome, Institut International d'Agriculture. 1921.

Einfuhr in Hamburg:

	1890	1900	1905	1910	1913
	dz	dz	dz	dz	dz
aus Spanien	12 531	12 626	7 217	5 369	939
„ Italien	6 927	4 466	8 669	3 729	1 651
„ Frankreich	4 749	5 825	8 352	7 671	4 519
„ Afrika u. Mittell. Meer	5 706	6 794	1 343	163	481
„ Griechenland und ionischen Inseln	885	68	2 703	3 424	620
„ d. europäischen Türkei	—	—	513	380	2 910
„ Kleinasien	395	171	8 072	474	341
„ Portugal	861	408	648	360	—
„ Großbritannien	929	467	69	51	—
„ d. Niederlanden	201	309	1 000	541	332
„ Bremen u. v. d. Weser	—	18	—	169	205
„ Belgien	138	161	186	120	—
land- und flußwärts	511	816	429	[1])	[1])
übrige Einfuhr	371	201	1 139	728	462
insgesamt:	34 204	32 330	40 340	23 179	12 460

Ausfuhr aus Hamburg:

	1890	1900	1905	1910	1913
	dz	dz	dz	dz	dz
nach russ. Asien	259	3 104	140	49	—
„ Mexiko a. stillen Meer	178	199	1 153	179	163
„ d. Vereinigten Staaten	—	—	1 342	147	125
„ Westafrika	—	—	—	174	158
„ Brasilien	—	—	—	102	38
„ russ. Ostseehäfen	780	459	2 612	631	388
„ Norwegen	547	372	591	162	827
„ Schweden	2 010	738	772	304	152
„ d. Niederlanden	1 101	282	189	223	—
„ Großbritannien	—	—	473	257	1 733
„ Altpreuß. Ostseehäfen	123	575	921	1 492	844
„ d. Rheinprovinz	—	584	1 907	387	131
„ d. Oberelbe	13 493	15 073	18 312	} [1])	[1])
mit den Eisenbahnen	7 334	4 623	4 138	}	
übrige Ausfuhr, insbes. nach Südamerika	2 490	2 954	2 124	2 501	1 244
insgesamt:	28 315	28 963	34 674	6 608	5 803

[1]) Geht aus den Statistiken nicht hervor.

In dem Import von Olivenöl ist ein erheblicher Rückgang zu verzeichnen, dessen Ursache wohl vor allem in der großen Konkurrenz anderer Öle, besonders des Kottonöls zu suchen ist. Dieses stellte sich im Preise erheblich billiger (1905 zahlte man in Hamburg für Olivenöl 60 bis 65 Mark per 100 kg, während sich Kottonöl auf 36 — 38 Mark, Speiseöl auf 52 — 54 Mark für deutsches und 41 — 42 Mark für amerikanisches Fabrikat stellte), so daß man in der Seifenindustrie zur Verwendung von Kottonöl und Leinöl überging. Die Folge davon war, daß das Olivenölgeschäft vor dem Kriege in Hamburg zur völligen Bedeutungslosigkeit herabgesunken war, zumal auch die Fabrikation von Speiseölen in Deutschland aus ausländischen Rohstoffen betrieben wurde und diese Öle an Qualität dem Olivenöl kaum nachstanden. — Hervorzuheben wäre noch der aus den obigen Aufstellungen hervorgehende geringe Verkauf von Olivenöl im hamburgischen Wirtschaftsgebiet sowie der Umstand, daß Hamburg für die skandinavischen Länder und Rußland Umschlagplatz für diesen Artikel war.

Das Öl wird meist aus zweiter Hand von den Produktionsgebieten bezogen und von den Importeuren direkt an die Großverbraucher oder weiterverarbeitende Industrie abgesetzt.

2. Leinöl.

Für Leinöl hat sich in Hamburg trotz der Nähe der größten deutschen Leinölmühlen ein völlig selbständiger Markt nicht bilden können. Bis in die 80er Jahre stand der Markt in völliger Abhängigkeit von dem englischen. Infolge der stark gestiegenen Leinölerzeugung in Deutschland trat allerdings im Laufe der Zeit eine gewisse Selbständigkeit ein, doch blieben die englischen Plätze Hull, Liverpool und London und Amsterdam maßgebend für die Entwicklung in Hamburg, zumal diese ja auch als größte ausländische Lieferanten in Frage kamen.

Einfuhr in Hamburg

	1890	1900	1905	1910	1913
	dz	dz	dz	dz	dz
von Großbritannien	122 278	6 843	7 182	2 993	4 455
„ d. Niederlanden	35 289	33 009	35 396	19 564	24 685
„ Belgien	816	983	612	188	199
„ d. Vereinig. Staaten	564	81	53	—	458
„ Bremen u. d. Weser	858	5 769	7 825	108	145
„ d. Rheinprovinz	96	1 202	2 155	1 190	2 569
land- und flußwärts	7 455	42 455	34 125	[1])	[1])
übrige Einfuhr	346	376	1 686	56	229
insgesamt:	167 702	90 718	89 034	24 099	32 740

[1]) Geht aus den Statistiken nicht hervor.

Ausfuhr aus Hamburg

	1890	1900	1905	1910	1913
	dz	dz	dz	dz	dz
nach Mittel- und Südamerika	1 785	2 933	4 562	6 126	8 715
„ Afrika	—	—	—	—	995
„ Großbritannien	42	152	162	2 208	—
„ Schweden	—	—	—	—	734
„ russ. Ostseehäfen	—	—	4 226	1 120	—
„ altpreuß. „	374	22 144	24 645	12 029	18 528
„ Schleswig-Holstein	360	3 616	3 071	3 398	2 538
„ d. Rheinprovinz	—	20 211	57 858	31 743	43 202
„ Bremen	357	1 093	3 468	3 924	2 863
land- und flußwärts	103 004	77 621	86 833	[1])	[1])
übrige Ausfuhr	799	7 807	10 964	14 018	12 061
insgesamt:	106 721	135 577	195 789	74 566	89 636

[1]) Geht aus den Statistiken nicht hervor.

Auch im Leinölgeschäft können wir einen beträchtlichen Rückgang feststellen. Wenn auch die Ausfuhr zugenommen hat, so ist dies doch kein Zeichen zunehmender Umsätze am Platz, bei den in der Statistik aufgeführten Exporten handelt es sich vielmehr zum Teil um die Versendungen der Ölmühlen, die größtenteils für deren Rechnung erfolgten. Leinölkocher, Ölfarbenfabriken, Linoleumfabrikanten usw. gingen schon vor dem Kriege zum direkten Bezug des Öles über, ja, die letzteren legten sogar eigene Ölmühlen an, um ihren Bedarf selbst zu decken. An dem Import ausländischen Leinöls hatte der Hamburger Kaufmann noch einigen Anteil. Er bezog dieses entweder direkt von dem Produzenten oder aus zweiter Hand, je nachdem, welcher Kauf vorteilhafter erschien. Irgendwelche Absatzorganisation gab es auch im Auslande vor dem Kriege nicht. Eine Kartellierung und Fusionierung der Industrie ist auch dort erst nach dem Kriege entstanden. Im Vertrieb ihrer Produkte hatten alle Unternehmungen freie Hand. Die Kapitalkräftigsten konnten natürlich den Handel zu umgehen versuchen. So auch in Deutschland. Jedenfalls hatte der selbständige Handel auf dem hiesigen Markt keine besonders einflußreiche Stellung.

3. Rüböl.

Dieses Produkt bedarf einer etwas eingehenderen Erörterung, die sich jedoch in der Hauptsache auf die Schilderung der Vergangenheit bezieht, in der das Rüböl, wie bereits erwähnt, als Großhandelsware eine wichtige Rolle spielte. Schon Anfang des 18. Jahrhunderts fand in Holland eine Art Prämienhandel in diesem Artikel statt. Ähnliche Geschäfte wurden auch in Hamburg getätigt, doch ist nicht festzustellen, ob hier auch Öle und Ölsaaten die Grundlage zum Prämienhandel abgaben[1]). Jedenfalls aber wurden solche Geschäfte bald in Hamburg und darauf in Amsterdam verboten. Die Spekulationsgeschäfte kamen jedoch zu Beginn des vorigen Jahrhunderts wieder auf und führten sich auch an der hiesigen Börse ein. Soetbeer schreibt darüber[2]): „Das eigentliche Börsenspiel ist in Hamburg nie recht in Aufnahme gekommen. Der Hamburger Handelsstand verwendet seine Kapitalien lieber auf Warengeschäfte, wodurch ein Kaufmann verdienen kann, ohne daß ein anderer dabei verliert, während es im Charakter des Börsenspiels liegt, daß der Gewinn des einen mit gleich großem Verlust eines anderen verknüpft ist. — Es darf jedoch nicht unbemerkt bleiben, daß man in neuerer Zeit versucht hat, in Rüböl ein Börsenspiel einzuführen, nämlich in der Art, daß die verkaufte Ware garnicht geliefert, sondern nach abgelaufener Lieferungszeit vom Käufer oder Verkäufer die Preisdifferenz vergütet wird. Der gesunde Sinn der hamburgischen Kaufmannschaft wird hoffentlich nicht dulden, daß ein solches Börsenspiel hier heimisch wird." Diese Hoffnung Soetbeers hat sich nicht erfüllt, und er wird es selbst noch erlebt haben, wie der Terminhandel in Rüböl dauernd an Umfang zunahm. Rüböl wurde geradezu das „Lieblingsobjekt" der Spekulation sowohl in Hamburg als auch an den Börsen in Berlin, Amsterdam, Antwerpen und Paris. Doch schon in den 60er Jahren mußte es seine überragende Stellung auf dem Warenmarkte aufgeben. Das Petroleum begann seinen Siegeslauf. Der hiesige Markt verlor an Selbständigkeit und folgte seit den 80er Jahren den Stimmungen des Berliner Marktes. Wohl beschäftigte sich die Spekulation noch weiter mit diesem Artikel, und besonders an der Pariser Börse fanden bis in die jüngste Zeit Operationen in Rüböl statt, die auch die Stimmung an den übrigen europäischen Märkten beeinflußten. Aber in Deutschland und besonders in Hamburg ging die Bedeutung des Öles für den Handel dauernd zurück.

Auch an der Berliner Börse ging die Bedeutung des Rüböls zurück. Der letzte Grund für das Abflauen des Interesses für den Artikel ist darin zu suchen, daß der Kreis der wirklichen Interessenten für Rüböl zu klein wurde. Die Fabrikation des Artikels befindet sich

[1]) Baasch, Die Handelskammer zu Hamburg. Hamburg 1915.

[2]) Soetbeer, Über Hamburgs Handel. Hamburg 1839

in den Händen einer geringen Anzahl von Großbetrieben, die dank ihrer Kapitalkraft und guten Organisation von dem Lieferungsmarkt keinen Gebrauch zu machen gezwungen sind.

Paris ist heute noch die bedeutendste Börse für Rüböl.

Die Ein- und Ausfuhr in Hamburg gestaltete sich folgendermaßen:

Einfuhr:

	1890	1900	1905	1910	1913
	dz	dz	dz	dz	dz
von Japan	—	—	—	686	3 987
„ China	—	—	—	425	—
„ Großbritannien	1 131	1 663	1 571	4 155	6 199
„ d. Vereinigten Staaten	—	173	51	—	—
„ Belgien	573	2 106	548	192	2 370
„ d. Niederlanden	1 177	149	—	3 012	410
„ Frankreich	7 368	290	165	—	—
„ Dänemark	755	—	—	—	—
„ Altpreuß. Ostseehäfen	943	182	21 021	9 083	3 980
„ d. Rheinprovinz	—	46	—	394	—
„ Bremen	—	—	131	—	275
„ Schleswig-Holstein	—	181	965	1 606	—
„ d. Oberelbe	23 125	29 906	19 038	[1]	[1]
landwärts	7 738	1 119	1 542		
übrige Einfuhr	58	72	28	2 418	2 810
insgesamt:	42 868	35 887	45 060	21 971	20 031

Ausfuhr:

	1890	1900	1905	1910	1913
	dz	dz	dz	dz	dz
nach d. Vereinigten Staaten	—	1 143	2 517	586	—
„ Südamerika	1 596	—	171	—	—
„ Großbritannien	2 415	6 338	2 317	4 336	205
„ den Niederlanden	3 445	7 403	763	662	3 099
„ Belgien	2 733	1 528	415	—	—
„ Norwegen	358	7	134	468	—
„ Schweden	195	—	72	—	—
„ d. Europ. Türkei	—	—	717	885	—
„ d. Rheinprovinz	2 934	8 423	13 154	9 729	4 478
„ Bremen	5 153	1 194	1 899	3 841	6 417
„ Oldenburg	237	150	1 033	536	—
„ Hannover westl. Teil	931	4 366	10 168	5 741	—
land- und flußwärts	4 100	7 806	3 455	[1]	[1]
übrige Ausfuhr	369	772	861	3 027	2 628
insgesamt:	24 466	39 130	37 676	29 811	16 827

[1]) Aus den Statistiken nicht zu entnehmen.

Zieht man in Betracht, daß die gesamte deutsche Rübölerzeugung sich im Jahre 1913 auf 658 000 dz belief[1]), so ergibt sich, daß

[1]) Dr. A. Schulte im Hofe, Die Welterzeugung von Lebensmitteln und Rohstoffen und die Versorgung Deutschlands in der Vergangenheit und Zukunft, Beiheft zum Tropenpflanzer. Berlin 1917.

Hamburg nur einen geringen Anteil an dem Gesamtumsatz von Rüböl hatte. Für den Export kamen ja überhaupt nur geringe Mengen Öl in Frage. Die Erzeugnisse der Harburger Ölmühlen berührten den hiesigen Platz kaum und wenn schon, dann spielte Hamburg dafür meist lediglich die Rolle des Spediteurs.

4. Sesamöl.

Sesamöl hat für den Hamburger Handel nur geringe Bedeutung. Da das Öl eigentlich nur als Speiseöl und in Mischung mit anderen Ölen als Verschnittöl verwendet wird, kommt ein Großhandel damit weniger in Frage. Die großen Mengen Sesamöl, die infolge des deutschen Margarinegesetzes vom 18. 6. 1897 bei der Kunstbutterfabrikation verwendet wurden, wurden von den Ölmühlen natürlich direkt an die Margarinefabriken geliefert oder, und dies ist heute durchweg der Fall, von diesen selbst aus den Samen gepreßt.

Die Ein- und Ausfuhr Hamburgs verteilte sich auf die aus folgenden Tabellen hervorgehenden Länder:

Einfuhr:

	1890	1900	1905	1910	1913
	dz	dz	dz	dz	dz
aus Frankreich	2 952	2 686	314	1 012	201
„ d. Niederlanden	111	143	646	2 520	—
„ Belgien	—	35	—	—	1 613
„ Dänemark	—	—	177	439	—
„ d. Rheinprovinz	370	—	1 388	14 074	3 797
„ Bremen	—	328	1 201	3 576	722
land- u. flußwärts	254	1 089	268	—	—
übrige Einfuhr	17	—	25	247	7
insgesamt:	3 704	4 281	4 019	21 868	6 340

Ausfuhr:

	1895	1900	1905	1910	1913
	dz	dz	dz	dz	dz
nach d. Verein. Staaten	—	—	—	—	2 380
„ Ägypten	—	—	—	—	911
„ russ. Ostseehäfen	—	—	107	209	—
„ Großbritannien	—	—	—	402	—
„ Dänemark	351	—	966	4 587	5 467
„ Belgien	—	—	165	175	—
„ Norwegen	225	804	—	—	—
„ Schweden	157	238	—	726	718
„ altpr. Ostseehäfen	197	1 242	2 028	3 289	2 516
„ Mecklenburg	77	647	1 060	1 156	1 042
„ Schleswig-Holstein	491	1 713	728	2 545	1 544
„ Bremen	44	26	258	403	139
„ d. Rheinprovinz	155	—	2 006	1 097	3 708
land- u. flußwärts	2 455	6 768	10 833	—	—
übrige Ausfuhr	135	1 987	180	760	851
insgesamt:	4 287	13 425	18 331	15 349	19 276

Die Einfuhr ausländischen Sesamöles ist nur gering. Gute Abnehmer der deutschen Erzeugnisse waren die nordischen Staaten. Die geringen durch den Hamburger Handel getätigten Umsätze hatten für den Markt nur Bedeutung im Rahmen des Gesamtverkehrs mit pflanzlichen Ölen.

5. Baumwollsaatöl.

Baumwollsaatöl wurde vor dem Kriege in beträchtlicher Menge in Deutschland importiert, es stand der Höhe der Zufuhren nach unter den pflanzlichen Ölen an erster Stelle. Die Vereinigten Staaten treten als Hauptlieferant auf. Der amerikanische Kottonöl-Trust hat mit allen ihm zu Gebote stehenden Mitteln die Ausfuhr von Kottonsaat bekämpft, damit nicht die ausländische Ölindustrie durch Belieferung mit amerikanischer Baumwollsaat unterstützt würde. Der Trust hatte das Bestreben, nur seine Fertigfabrikate Öl und Ölkuchen an das Ausland gelangen zu lassen. Die deutsche Kottonöleinfuhr ist allerdings, wie die Einfuhr aller übrigen Öle, vor dem Kriege stark zurückgegangen, doch konnte der Bedarf an Baumwollsaatöl durch die binnenländische Industrie nicht in dem Maße gedeckt werden wie der Bedarf an anderen Ölen. Neben den Vereinigten Staaten exportierte England größere Mengen Kottonöl. Den Verkehr Hamburgs veranschaulichen nachstehende Tabellen:

Einfuhr in Hamburg:

	1890	1900	1905	1910	1913
	dz	dz	dz	dz	dz
aus d. Verein. Staaten	22 536	134 413	153 365	59 733	57 576
„ China	—	—	—	1 281	553
„ Großbritannien	42 694	33 551	15 882	25 480	12 700
„ d. Niederlanden	2 471	1 364	10 419	4 532	6 928
„ Frankreich	17	502	242	54	—
„ Belgien	—	371	414	52	—
„ d. Rheinprovinz	—	233	695	1 084	2 126
„ Bremen u. v. d. Weser	—	27	1 990	6 975	1 822
land- und flußwärts	386	140	40	[1]	[1]
übrige Einfuhr	2	75	303	414	559
insgesamt:	68 106	170 676	183 350	99 605	82 264

[1]) Aus den Statistiken nicht zu entnehmen.

Ausfuhr aus Hamburg:

	1895	1900	1905	1910	1913
	dz	dz	dz	dz	dz
nach Westafrika	—	—	1 454	1 163	796
„ Großbritannien	—	465	225	2 247	2 020
„ Belgien	—	—	1 122	70	—
„ d. Niederlanden	184	447	216	9 779	262
„ Norwegen	1 359	2 039	6 380	19 457	2 596
„ Schweden	876	1 586	7 892	3 870	1 010
„ Dänemark	—	3 990	2 968	7 194	18 845
„ Altpr. Ostseehäfen	4 731	5 785	11 760	12 373	2 649
„ Mecklenburg	—	1 781	1 707	1 454	2 127
„ Schleswig-Holstein	894	2 793	1 385	2 633	1 288
„ Bremen	694	1 406	371	811	30
„ d. Rheinprovinz	4 965	1 479	2 080	3 286	5 988
„ d. Oberelbe	34 555	49 057	76 711	[1]	[1]
landwärts	9 897	13 615	14 791		
übrige Ausfuhr	683	3 071	1 895	4 025	2 948
insgesamt:	58 838	87 514	130 957	68 362	40 559

[1]) Aus den Statistiken nicht zu entnehmen.

Als ausländische Abnehmer kamen die Nord- und Ostseestaaten in Frage, doch spielte unser Platz vorwiegend die Rolle des Umschlagortes. Im Verhältnis zu der 303000 dz betragenden deutschen Baumwollsaatölerzeugung, von denen rund 80000 dz in Harburg fabriziert wurden, war der Umsatz Hamburgs nur gering. Der Handel konnte beim Absatz des deutschen Fabrikates nur ergänzend eingreifen, indem er die von den Mühlen nicht direkt abgesetzten Partien vertrieb. Leichter schob er sich zwischen die ausländische Produktion bzw. den ausländischen Export und den deutschen Konsum, doch war seine Stellung auch hier keineswegs eine gesicherte.

6. Erdnußöl.

Erdnußöl wurde in Deutschland hauptsächlich von den Betrieben des Vereins Deutscher Ölfabriken in Wilhelmsburg und Mannheim hergestellt[1]). Im Jahre 1913 belief sich die Erzeugung im Reiche auf rund 400000 dz[2]). Hieran gemessen sind die über Hamburg geführten Mengen nur klein. Bemerkenswert ist, daß Dänemark für seine Margarineindustrie einiges Erdnußöl einführte, wobei vor allen Deutschland neben Holland und Frankreich beteiligt war. Der

[1]) Die Erdnuß. Ihre Geschichte, geographische Verbreitung und wirtschaftliche Bedeutung. Beiheft zum Tropenpflanzer. Berlin 1917.

[2]) Dr. A. Schulte im Hofe, a. a. O.

Absatz geschah jedoch meist unmittelbar von den deutschen Fabriken an die ausländischen Verbraucher, so daß der hiesige Handel daran nur einen geringen Anteil hatte.

Die Einfuhr Hamburgs betrug:

	1910	1913
	dz	dz
aus China	159	—
„ Frankreich	3 303	205
„ d. Niederlanden	1 662	1 079
„ Belgien	206	—
„ Großbritannien	528	—
„ Dänemark	56	—
„ d. Rheinprovinz	10 913	1 970
„ Bremen	3 684	1 246
übrige Einfuhr	4	261
insgesamt:	20 515	4 761

Ausgeführt wurden im Jahre 1913:

nach d. Ver. Staaten	5 248	dz
„ Großbritannien	4 712	„
„ Dänemark	9 160	„
„ Norwegen	4 477	„
„ Schweden	772	„
„ Ost- und Westpreußen, Pommern	580	„
„ Schleswig-Holstein	2 177	„
„ Bremen	381	„
„ d. dtsch. Rheingebiet u. Luxemburg	7 881	„
„ übrige Ausfuhr	310	„
insgesamt:	35 698	dz

7. Sojabohnenöl.

Über die Ein- und Ausfuhr von Sojabohnenöl in Hamburg vor dem Kriege bestehen keine statistischen Angaben. In Deutschland wurden 1913 rund 31 400 dz dieses Produktes eingeführt, eine immerhin nicht ganz unbedeutende Menge, die hauptsächlich aus China kam.

8. Kokosnußöl.

Bis in die 60er Jahre hinein hatte Kokosnußöl für den hiesigen Markt noch einige Bedeutung gehabt. Seitdem jedoch die inländischen Fabriken aus der eingeführten Kopra ein Öl herstellten, das den minderwertigeren von Übersee bezogenen Sorten wie Ceylon-, Sansibar- und Sidney-Öl mindestens gleichwertig war, machte sich deren Konkurrenz stark fühlbar. Sodann gingen die hiesigen Ablader dazu über, das Öl direkt an die inländischen Abnehmer zu verkaufen, so daß von einem Platzgeschäft keine Rede sein konnte, und in dieser Weise hat sich der Handel bis zum Kriegsausbruch vollzogen. Das im Inland erzeugte Kokosöl wurde von den Fabriken direkt an die Seifen- und die Margarineindustrie, die als hauptsächliche Abnehmer in Frage kamen, abgesetzt.

Der Verkehr über Hamburg gestaltete sich folgendermaßen:

Einfuhr:

	1890	1900	1905	1910	1913
	dz	dz	dz	dz	dz
aus Brit. Ostindien	16 519	15 482	44 867	97 281	42 287
„ Niederl. Ostindien	—	—	—	2 298	—
„ Australien Festl.	—	—	1 223	5 062	4 504
„ Philippinen	—	—	—	—	3 809
„ Großbritannien	5 839	2 731	1 229	9 245	681
„ Frankreich	259	1 403	603	1 505	218
„ Belgien	24	5 310	3 293	4 333	9
„ d. Niederlanden	—	1 386	107	488	26
„ Dänemark	—	1 465	6 771	8 616	16 359
„ d. Rheinprovinz	—	366	283	10 576	3 357
„ Bremen	240	4 076	7 046	28 694	3 941
land- und flußwärts	293	1 504	18 661	[1])	[1])
übrige Einfuhr	17	181	1 184	1 149	27
insgesamt:	23 191	33 904	85 267	169 247	75 218

Ausfuhr:

	1890	1900	1905	1910	1913
	dz	dz	dz	dz	dz
nach d. Verein. Staaten	497	186	11 423	9 344	11 257
„ Südamerika	777	1 987	2 519	5 820	4 956
„ Italien	—	—	—	—	8 970
„ Frankreich	—	—	568	463	12 514
„ d. Niederlanden	154	817	14 428	15 492	3 725
„ Belgien	—	—	—	3 833	950
„ Großbritannien	1 197	—	16 692	67 369	302 363
„ Schweden	859	3 863	6 830	1 580	28 028
„ Norwegen	336	730	3 936	4 543	24 589
„ Dänemark	—	315	3 025	15 722	10 450
„ d. russ. Ostseehäfen	2 920	373	1 401	—	—
„ Altpr. Ostseehäfen	670	1 545	8 686	9 646	5 682
„ Bremen	20	233	215	1 742	123
„ d. Rheinprovinz	457	822	47 403	21 004	21 890
„ d. Oberelbe	6 830	17 387	36 144	[1])	[1])
landwärts	2 125	2 281	13 465		
übrige Ausfuhr	1 316	1 963	8 010	19 403	5 972
insgesamt:	18 158	32 502	174 745	175 961	441 469

[1]) Aus den Statistiken nicht zu entnehmen.

Bemerkenswert ist die geringe Menge Kokosöl, die aus Niederländisch-Indien hier eingeführt wurde. Dort bereiten die Eingeborenen den eigenen Bedarf an Öl in primitiver Weise, eine Ausfuhr solchen Öles findet jedoch nicht statt. Die Einführung der modernen Ölindustrie ist in Niederländisch-Indien erst in jüngster Zeit erfolgt. 1907 wurden die ersten Ölfabriken nach europäischem Muster errichtet, von größter Bedeutung wurde aber die im Jahre 1913 erfolgte Gründung der „N. V. Oliefabrieken Insulinde“ auf Borneo, die die bereits im Betrieb befindlichen Mühlen übernahm und zu Neugründungen auf Java, Sumatra und Celebes schritt. Doch war vor dem Kriege die dortige Ölindustrie noch nicht so weit entwickelt, daß sie eine Ausfuhr in größerem Umfange betreiben konnte.

Eine gleiche Entwicklung wie in der holländischen Kolonie ist auch auf den Philippinen vor sich gegangen. Diese waren nach Niederländisch-Indien die zweitgrößten Kopraexporteure der Welt. Ölmühlen sind dort erst während des Krieges, dann allerdings in großer Zahl errichtet. Vorher wurden nur verschwindende Mengen Öl zur Ausfuhr hergestellt.

Britisch-Indien erzeugte schon vor dem Kriege größere Mengen Kokosöl, das jedoch vorwiegend seinen Weg nach England nahm, während Deutschland frühzeitig zum Import des Rohstoffes überging.

England stand auch unter den ausländischen Abnehmern des in Deutschland hergestellten Kokosöls voran und bezog dieses besonders in raffiniertem Zustande, da ihm ja das rohe Öl aus Indien und Ceylon zugeführt wurde. Die Kopraverarbeitung war vor dem Kriege in England noch in den ersten Anfängen. Deutschland lieferte dorthin im Jahre 1913 rund 30000 t Kokosöl, die ausschließlich über Hamburg ausgeführt wurden.

Aus der zweiten der beiden oben stehenden Tabellen ergibt sich eine starke Steigerung der Ausfuhr nach fremden Ländern aus Hamburg seit 1910, die auf eine erstaunlich schnelle Vergrößerung der deutschen Ölfabriken schließen läßt. In der Tat waren diese im Jahre 1913 zur Verarbeitung einer so großen Menge Rohstoffe in der Lage, daß zum ersten Male ein Ausfuhrüberschuß erzielt werden konnte. 1910 betrug die Einfuhr von Kokosöl in Deutschland 89062 dz.; in Hamburg wurden insgesamt 128828 dz von fremden Ländern importiert, wobei die seewärts, sei es aus dem Freihafen, sei es aus dem Zollinland, alsbald wieder ausgeführten Mengen mitgerechnet sind. Die Ausfuhr nach dem Auslande aus Hamburg belief sich auf 124103 dz, blieb also hinter der Einfuhr zurück, desgl. die gesamte Ausfuhr Deutschlands, die sich auf 99 153 dz bezifferte, wobei aber Schibutter und pflanzlicher Talg mitgerechnet sind. 1913 ergibt sich folgendes Bild:

Einfuhr in Deutschland 5 944 dz. Einfuhr in Hbg.[1]) 67 893 dz.
Ausfuhr aus Deutschland 248 760 dz. Ausfuhr aus „ [2]) 407 802 „[3])

Der Durchgangsverkehr mit Kokosöl in Hamburg war also ein bedeutender, insbesondere ist aber aus dieser Aufstellung zu entnehmen, daß der gesamte deutsche Kokosölexport über Hamburg ging. Diese günstige Entwicklung hat leider durch den Krieg ein jähes Ende gefunden.

9. Palm- und Palmkernöl.

Wesentlich größere Bedeutung als das Kokosöl hat das Palmöl für den Hamburger Markt, jenes in Westafrika in primitiver Form von den Eingeborenen aus der fleischigen Schale der Ölpalmenfrucht hergestellte Fett. Es ist schon weiter oben festgestellt worden, wie sich der Handel mit diesem Produkt vollzog (siehe unter Palmkerne). Der größte Abnehmer des westafrikanischen Palmöls war England, das davon 1913 rund 800 000 dz einführte[4]). Im Vergleich hierzu waren die nach Hamburg gerichteten Zufuhren nur sehr gering, und es ist verständlich, daß sich der Hamburger Markt in seinen Preisschwankungen nach dem englischen richtete. Palmöl wurde von den Abladern, die in Hamburg die gleichen Firmen waren wie die Palmkernablader, meist direkt an die Verbraucher abgesetzt, zu denen Seifen- und Stearinkerzenindustrie gehören.

Während das Palmkerngeschäft in Afrika von Anfang an in den Händen der Deutschen lag, wurde das Palmölgeschäft hauptsächlich von Engländern und Franzosen betrieben. Es war das leichtere Geschäft, da keine Aufbereitung nötig war, sondern das fertige Produkt gehandelt wurde.

In der Hamburger Statistik sind leider Palm- und Palmkernöl zusammen aufgeführt, obgleich diese Öle schon wegen ihrer chemischen

---

[1]) Nur aus dem Auslande.

[2]) Nur nach dem Auslande.

[3]) Die Differenz wird sich durch Vorräte aus dem vorhergehenden Jahr und Ungenauigkeiten in der Hamburger Handelsstatistik erklären lassen.

[4]) Die reichsten Landstriche an der Guineaküste hatte England sich schon frühzeitig angeeignet, und das von dort bezogene nigerische Palmöl wurde die Grundlage seiner Seifenindustrie.

Zusammensetzung streng voneinander zu unterscheiden sind (Palmöl besitzt meist eine sehr hohe Säurezahl und einen höheren Schmelzpunkt als Palmkernöl). So ist es wohl möglich, sich ein genaues Bild von der Einfuhr zu machen; denn bei dem aus dem Ausland eingeführten Öl wird es sich ausschließlich um Palmöl handeln. Die Übersicht über die Ausfuhr wird dadurch aber sehr ungenau.

Die Zahlen sind folgende:

Einfuhr: (Palm- und Palmkernöl).

	1890	1900	1905	1910	1913
	dz	dz	dz	dz	dz
von Westafrika	62 769	98 195	88 251	165 868	139 199
„ Deutsch-Westafrika	—	17 565	16 319	23 838	22 515
„ Portugal	290	—	—	369	749
„ Großbritannien	26 212	31 546	14 622	16 222	16 411
„ d. Niederlanden	659	750	28	57	2
„ Frankreich	—	—	12	2 749	—
„ Dänemark	-	—	—	5 294	39
„ Bremen u. d. Weser	—	—	210	6 198	397
„ Schleswig-Holstein	3 151	2 019	790	26 694	17 681
„ d. Rheinprovinz	—	—	68	137	299
„ d. Oberelbe	146	12 986	21 858	[1]	[1]
landwärts	2 173	3 117			
übrige Einfuhr	599	787	4 869	2 378	1 602
insgesamt:	95 999	166 965	147 027	249 804	198 894

Ausfuhr:

	1890	1900	1905	1910	1913
	dz	dz	dz	dz	dz
nach Südamerika	1 386	1 695	3 735	1 662	3 672
„ d. Verein. Staaten	—	—	57 504	129 213	160 559
„ Spanien	22 020	911	410	619	516
„ Portugal	19 738	1 063	1 658	751	163
„ Italien	788	—	384	447	559
„ Österreich-Ungarn	852	1 384	4 733	12 898	4 915
„ Frankreich	257	—	2 420	387	3 261
„ d. Niederlanden	6 410	31 859	17 718	40 142	10 281
„ Belgien	4 092	17 630	17 769	30 296	7 985
„ Großbritannien	48 480	49 555	109 224	163 859	62 261
„ Dänemark	—	—	—	32 158	823
„ Norwegen	966	1 320	1 254	1 387	1 676
„ Schweden	1 160	2 366	2 129	2 807	6 487
„ russ. Ostseehäfen	2 593	6 702	5 217	2 137	3 795
„ Altpr. „	2 033	7 704	5 653	16 473	11 282
„ d. Rheinprovinz	460	22 767	76 614	34 370	22 538
„ Bremen	908	—	196	334	—
„ d. Oberelbe	69 677	139 550	105 205	[1]	[1]
landwärts	13 639	7 568	4 195		
übrige Ausfuhr	2 647	9 566	8 759	14 188	4 144
insgesamt:	198 106	301 640	424 777	484 128	304 917

[1]) Aus den Statistiken nicht ersichtlich.

Aus den vorstehenden Tabellen ergibt sich, daß für die hiesige Palmöleinfuhr nur England als Zwischenhändler in Frage kam. Dabei ist noch zu berücksichtigen, daß das Palmöl teilweise dort nur umgeladen wurde, so daß also fast die gesamte Einfuhr von den Produktionsgebieten direkt erfolgte. Unter den ausländischen Abnehmern deutschen Palmkernöles ragen in den letzten Jahren vor dem Kriege die Vereinigten Staaten von Nordamerika hervor, die 1913 allein über Hamburg 160 559 dz. bezogen. Diese Zahl weicht allerdings wesentlich von der amerikanischen Statistik ab, wonach in diesem Jahre 18 831 000 Pfd., also rund 94 150 dz. aus Deutschland bezogen wurden bei einer Gesamteinfuhr von 117 855 dz[1]). Der Grund für diese Differenz kann darin liegen, daß in den amerikanischen Statistiken die Jahre stets die am 30. Juni des betreffenden Jahres endenden 12 Monate bezeichnen. Jedenfalls aber erhellt hieraus, daß alles nach der Union exportierte Palmkernöl über Hamburg ging. Palmöl bezogen die Vereinigten Staaten nicht direkt aus den Produktionsgebieten, sondern über England. Diese Tatsache sowie die Abhängigkeit von der deutschen Produktion sind entscheidend gewesen für die Entwicklung der amerikanischen Ölwirtschaft während des Krieges, über die ich weiter unten noch zu sprechen haben werde.

Große Mengen deutschen Palmkernöles gelangten über Hamburg auch nach England und den Nord- und Ostseestaaten. Der Hamburger Handel war jedoch an allen diesen Geschäften kaum beteiligt, der Absatz erfolgte größtenteils von den Fabriken direkt.

Stellen wir für Palm- und Palmkernöl dieselben Berechnungen wie oben für Kokosöl an, so erhalten wir folgendes Bild:

1910:			
Einfuhr in Deutschland:	161 000 dz,	Einfuhr in Hbg.[2])	214 395 dz.
Ausfuhr aus Deutschland:	44 323 „	Ausfuhr aus „	418 763 „ [3])
1913:			
Einfuhr in Deutschland:	151 202 „	Einfuhr in „ [2])	178 915 „
Ausfuhr aus Deutschland:	289 940 „	Ausfuhr aus „	278 234 „

Also auch hier ein beträchtlicher Ausfuhrüberschuß, der zum größten Teil über Hamburg ging.

---

[1]) Fitzner, Die Weltwirtschaft der Fettstoffe. Berlin 1919.

[2]) Nur aus bezw. nach dem Auslande.

[3]) Hier müssen Ungenauigkeiten in der Statistik in Bezug auf die Angabe des Bestimmungslandes vorliegen.

10. Ölkuchen.

Einen wichtigen Faktor bei der Gewinnung von Ölen aus den verschiedenen Rohstoffen bilden heute die Ölkuchen, eines der weitverbreitetsten Kraftfuttermittel, welches dank seiner Bedeutung für die Erhaltung und Vergrößerung des Viehbestandes und damit letzten Endes für die Volksernährung auch eine bedeutende Rolle bei der Kalkulation der Ölmühlen spielt. Hamburg war vor dem Kriege der wichtigste Futtermittelmarkt Deutschlands, teilte seine Bedeutung als Ölkuchenmarkt allerdings mit Königsberg, das Einfuhr- und Transitplatz für russische Ölkuchen war, die der Menge nach unter den in Deutschland eingeführten Preßrückständen die erste Stelle einnahmen.

An Ölkuchen wurden eingeführt:

	in Deutschland		in Hamburg	
1865	—		81 562	dz
1870	—		128 582	„
1875	433 144	dz	66 741	„
1880	494 012	„	179 018	„
1885	1 191 624	„	677 602	„
1890	2 233 770	„	1 187 687	„
1895	3 167 969	„	1 703 583	„
1900	5 014 004	„	2 535 241	„
1905	5 831 067	„	2 692 933	„
1910	7 139 327	„	2 537 145	„
1913	8 285 485	„	2 685 268	„

Schulte im Hofe berechnet, daß Deutschland im Jahre 1913 einen Bedarf an Ölkuchen von 15 844 000 dz hatte; der Einfuhrüberschuß betrug 5 344 000 dz[1]), der Rest wurde aus den eingeführten Ölfrüchten hergestellt. Hieran gemessen erscheint der Anteil Hamburgs an der Versorgung Deutschlands mit Ölkuchen recht beträchtlich. Die folgende Tabelle zeigt, welche Länder als Lieferanten in Frage kamen.

---

[1]) Schulte im Hofe, a. a. O.

Einfuhr in Hamburg:

	1890	1900	1905	1910	1913
	dz	dz	dz	dz	dz
aus brit. Indien	55 938	73 385	202 173	266 605	340 690
„ Singapore	—	25 515	29 303	25 903	—
„ niederl. Indien	—	9 407	4 966	13 444	46 724
„ Australien	—	—	4 160	9 476	3 666
„ d. Philippinen	—	—	—	—	28 642
„ Westafrika	—	—	—	—	38 879
„ brit. Südafrika	—	—	—	—	21 561
„ d. Ver. Staaten	462 668	1 688 822	113 063	69 938	107 334
„ Mexiko	—	—	4 871	7 419	10 970
„ Argentinien	490	69 716	96 122	121 858	99 832
„ Frankreich	503 527	391 843	428 456	406 041	352 548
„ Spanien	—	44 816	49 493	109 828	56 800
„ Portugal	—	23 699	31 288	41 904	51 805
„ Italien	31 807	47 896	13 628	37 965	30 902
„ Südrußland	47 102	37 584	41 613	138 232	55 179
„ Großbritannien	46 685	22 278	75 196	165 295	126 504
„ d. Niederlanden	9 031	5 395	43 777	6 772	28 940
„ Belgien	—	—	8 040	5 254	583
„ russ. Ostseehäfen	5 845	9 193	9 152	10 951	13 215
„ Altpr. „	147	242	1 086	1 022	—
„ d. Oberelbe	14 701	7 514	18 198	7 739	8 790
landwärts	3 940	7 542	—	28 300	41 650
übrige Ausfuhr	5 806	70 394	36 065	33 734	17 602
insgesamt:	1 187 687	2 535 241	1 210 650	1 507 680	1 482 816

Die vorstehende Aufstellung gibt mit gewissen Einschränkungen auch ein Bild vom Stande der Ölmüllerei in den einzelnen Ländern. Diese muß danach hoch entwickelt sein in Britisch-Ostindien, den Vereinigten Staaten, Frankreich, England. Gegen die Zufuhren aus diesen Staaten sind diejenigen aus Belgien, den Niederlanden und Rußland nur gering. Aber auch in diesen Staaten besteht eine alteingesessene Ölmühlenindustrie. Dieser Widerspruch findet seine Aufklärung darin, daß Belgien und die Niederlande wegen ihres großen Viehbestandes einen beträchtlichen Eigenbedarf an Ölkuchen haben, so daß sie davon mehr ein- als ausführen, und die geringen Mengen, die noch zur Ausfuhr gelangen, nehmen ihren Weg über die Westgrenze Deutschlands. Der wichtigste Handelsplatz für russische Ölkuchen, hauptsächlich Leinkuchen, war Königsberg, von wo aus die Versorgung des Hinterlandes, welches naturgemäß einen großen Bedarf an diesem Produkt hat, erfolgte, so daß zur Weiterversendung nach Hamburg wenig übrig blieb.

Nun beruht die Stellung Hamburgs aber nicht nur auf der Versorgung des deutschen Hinterlandes, sondern auch auf der Bedeutung als Umschlag- und Stapelplatz, besonders für Nordeuropa. Und gerade mit Ölkuchen fand von hier aus ein lebhafter Handel nach den Nord- und Ostseestaaten statt. Dieser Verkehr vollzog sich wie folgt:

Ausfuhr aus Hamburg:

	1890	1900	1905	1910	1913
	dz	dz	dz	dz	dz
nach brit. Indien	—	—	—	1 990	11 777
„ d. Ver. Staaten	471	—	140	25 424	16 892
„ Frankreich	—	—	—	52 779	56 473
„ d. Niederlanden	693	5 541	1 368	20 207	1 019
„ Belgien	526	1 365	6 163	33 673	5 517
„ Norwegen	9 175	61 040	145 409	24 136	14 414
„ Schweden	12 101	9 953	84 505	54 577	65 518
„ Dänemark	5 224	47 425	48 939	87 358	106 472
„ Finnland	—	—	—	—	29 192
„ russ. Ostseeh.	—	220	9 421	29 717	1 509
„ Altpr. „	47 800	38 072	36 350	64 005	83 230
„ Schleswig	4 751	25 094	20 822	38 178	16 505
„ Bremen	631	23 699	14 239	33 046	47 182
„ d. Rheinprovinz	327	200	—	169	4 367
„ d. Oberelbe	477 724	1 182 716	919 489	1 209 766	1 083 690
landwärts	369 474	893 616	1 208 303	1 072 352	1 289 290
übrige Ausfuhr	6 929	71 149	72 502	70 991	152 061
insgesamt:	935 826	2 360 090	2 567 650	2 818 368	2 985 108

Immerhin überwiegt aber auch im Hamburger Ölkuchenhandel die Einfuhr. Im Jahre 1913 wurden 2 407 815 dz hier vom Auslande importiert, während nur 455 588 dz wieder nach fremden Häfen zur Ausfuhr gelangten.

Die Hamburger Statistik führt seit dem Jahre 1903 die Einfuhr von Baumwollsaatkuchen getrennt auf. Als Lieferant hierfür kommen besonders die Vereinigten Staaten in Frage, die einen beträchtlichen Ausfuhrüberschuß in diesem Artikel erzielen. Es wurden hiervon in Hamburg eingeführt:

	1905	1910	1913
von d. Ver. Staaten	1 352 639	741 895	901 228
„ Brasilien	16 029	49 524	14 484
„ Mexiko	15 154	64 898	48 694
„ Argentinien	5 490	1 422	703
„ Chile	—	7 500	23 037
„ Brit. Indien	—	4 016	4 895
„ Südrußland	—	23 039	—
„ Großbritannien	100	1 982	—
„ Bremen	5 072	33 500	59 147
übrige Einfuhr	84 141	67 518	149 864
insgesamt:	1 478 625	995 294	1 202 052

Trotz aller Ausschaltungsbestrebungen von seiten der Produzenten sowohl als auch der Konsumenten liegt die Versorgung der letzteren mit Ölkuchen noch heute unbedingt in Händen des Großhandels. Der direkte Umsatz durch die Genossenschaften machte vor dem Kriege nur 5% des Gesamtverkehrs in Deutschland aus. Die deutschen Ölmühlen sind wegen ihrer Kapitalintensität auf möglichst gleichmäßigen Absatz ihrer Produkte angewiesen, und diesen kann bei den Ölkuchen nur der Handel gewährleisten.

Der „Verein der am Futtermittelhandel beteiligten Firmen in Hamburg“ hat durch Aufstellung von Schlußscheinen die Usancen im Ölkuchenhandel geregelt und 1901 ein Schiedsgericht errichtet. Neben dem Hamburger bestehen verschiedene binnenländische Schiedsgerichte, so diejenigen des „Vereins deutscher Großhändler in Dünge- und Kraftfuttermitteln E. V.“ Den Hamburger Usancen sind auch die ausländischen Exporteure unterworfen. Den amerikanischen Kottonkuchen- und -mehlexporteuren stand der Verein der Baumwollsaatmehlimporteure in Hamburg geschlossen gegenüber und kein ausländischer Händler konnte an ein Mitglied dieser Vereinigung verkaufen, ohne sich vorher verpflichtet zu haben, nicht mit einem Außenseiter zu handeln[1]). (Eine ähnliche Gruppe in Liverpool wurde schon vor 40 Jahren „The Forty Thieves“ genannt).

Die hiesigen Großhändler decken ihren Bedarf an Ölkuchen in Form des Lieferungsgeschäfts, während sich die Importeure in derselben Weise aus zweiter Hand vom Auslande versorgen. Es kommt wohl auch vor, daß die ausländischen Mühlen einmal direkt liefern, dann ist es lediglich Kalkulationssache. Der Kaufmann deckt sich natürlich dort ein, wo er am billigsten kaufen kann. Eine von irgendwelcher Seite ausgehende Tendenz zur Ausschaltung des selbständigen Handels bestand vor dem Kriege im Ölkuchenhandel nicht. Man kann wohl sagen, daß alle durch Hamburg gehenden Sendungen hier mindestens einmal umgesetzt sind. Dabei wurden die Abschlüsse meist durch Makler oder Agenten bewirkt.

---

[1]) Federal Trade Commission: Report on Cooperation in American Export Trade. Washington 1916.

C. Zusammenfassung.

Das Wesen des Handels ist interpersonaler Güterverkehr[1]). Ob dieser durch einen selbständigen Händlerstand bewirkt werden muß, hängt davon ab, wie die Wirtschaft organisiert ist; bald kommt sie mit weniger, bald nur mit mehr Faktoren aus. Bezeichnet man den Handel im engeren Sinne als den Faktor der den Waren, die in dem von ihm geschaffenen Markte schwimmen, eine bestimmte Richtung gibt, so kommt man vielleicht eher zu einer Entscheidung darüber, ob das Vorhandensein eines selbständigen Handels gesellschaftlich notwendig ist; ein Beweis, der gegenüber den seit der frühesten Zeit gegen den Handel aufgeworfenen Bedenken immer wieder angetreten werden muß. Jetzt gilt es nur zu fragen: Kann nicht eines der Endglieder der Kette von Händen, die Produktion und Konsumtion verbinden, die Ware von vornherein in die endgültige Richtung weisen, damit eine Menge Zwischenglieder ausschaltend?

Die pflanzlichen Rohstoffe kommen stoßweise, unregelmäßig, in niemals ganz, jedenfalls nicht sofort übersehbaren Mengen an den Markt. Oft fallen ganze Ernten eines Landes aus, die dann durch evtl. höheren Ertrag der Ernte eines anderen Landes oder Heranziehung eines anderen Rohstoffes ersetzt werden müssen. Es ist daher schon unmöglich oder nicht zweckmäßig, daß z. B. der Konsument schon vorher festsetzt, welchen Anteil an der Ernte eines bestimmten Gebietes er zu erhalten wünscht. Daher sind feste Bahnen im Welthandel mit Ölrohstoffen ausgeschlossen, alles ist im Fluß, weder Produzent noch Konsument können sich festlegen, bevor sie nicht genau wissen, was sie haben bezw. ob sie es haben können. Nur einen Orientierungspunkt gibt es hier: den Zentralmarkt und darüber hinaus den Weltmarkt. Beide hat der Handel geschaffen, und nur er allein war dazu in der Lage, da er über die eingehenden Branchekenntnisse verfügt. Innerhalb der volkswirtschaftlichen Arbeitsteilung bildet er somit einen notwendigen Faktor. Die Mittel, deren er sich bei Ausübung seiner Tätigkeit bedient, sind die Zusammenstellung von Typen nach vorhergehendem Sortieren, die Bildung eines einheitlichen Weltmarktpreises und die reine Preisspekulation. Damit schafft der Handel Übersichtlichkeit

---

[1]) Sieveking, Entwicklung, Wesen und Bedeutung des Handels, Grundriß der Sozialökonomik. Berlin 1918.

über die Rohstoffmengen, die nun nach Belieben von dem Konsumenten aus dem Markt genommen werden können.

Worauf beruhte nun vor dem Kriege die Bedeutung des Hamburger Handels mit Ölrohstoffen, welche Stellung nahm er innerhalb der arbeitsteilig gegliederten Gesamtorganisation dieses Handelszweiges ein? In dem Schema auf Seite 62 sind die Ergebnisse der Untersuchung über den Handel mit den einzelnen Rohstoffen dargestellt.

Wichtig scheint das Vorhandensein eines selbständigen Importeurstandes zu sein, der dem Exporteurstande am fremden Platze gegenübertritt und die einheimische Nachfrage zusammenfassen kann. Von ihm kann ein Hinübergreifen in die Produktionsgebiete zwecks direkter Versorgung ausgehen, wie umgekehrt auch der ausländische Exporteur bestrebt sein wird, seine Ware direkt abzusetzen. So entsteht ein Machtkampf, der scharfe Formen annehmen kann. In dem internationalen Kongreß europäischer Ölfabrikanten im Jahre 1913 wurde unter anderem beschlossen, daß Zahlung in keinem Falle vor Ankunft des Dampfers im Entlöschungshafen geleistet werden dürfe [1]). Die Ablader argentinischer Leinsaat machten 1913/14 den Versuch, die Mühlen direkt zu versorgen, wobei ihnen ein entsprechendes Bestreben von seiten der letzteren entgegenkam. Dieser Versuch scheiterte daran, daß die Ablader nur Kassa gegen Dokumente verkaufen wollten, während die Mühlen, wie erwähnt, nur Kassa gegen Dokumente bei Ankunft des Dampfers abschließen durften, sodaß sich die Importeure, die sich zur Annahme der von den Abladern verlangten Zahlungsbedingung bereit erklärten, wieder zwischen diese und die Mühlen schieben konnten. Sie ließen sich die Dokumente zu verhältnismäßig niedrigem Zinsfuß bei den Banken bevorschussen, bewahrten dadurch die Ölmühlen vor der Gefahr der zeitweisen Nichtbelieferung mit Rohstoffen und schlossen auch selbst bei diesem Geschäft sehr gut ab. [2]) — „Für den Handelsstand eines Landes kommt nicht nur das Verhältnis zu den übrigen Produktionskräften in Betracht, sondern ebenso seine selbständige Stellung im Konkurrenzkampf mit auswärtigen Händlern“ [3]). Nur ein Teil der Rohstoffe wurde von deutschen Firmen im Auslande nach hier verschifft. Solche befanden sich eigentlich nur in China, Westafrika und der Südsee. Chinesische Sesamsaat uud Erdnüsse,

---

[1]) Der Saaten-, Dünger- und Futtermarkt. Berlin 3. 5. 1913.

[2]) Bei Molch, Der Standort der Harburger Großindustrie, Diss. Hbg., findet sich eine etwas abweichende Darstellung dieser Tatsachen.

[3]) Sieveking, Entwicklung.

Schematische Darstellung der Organisation des Ölrohstoffhandels.

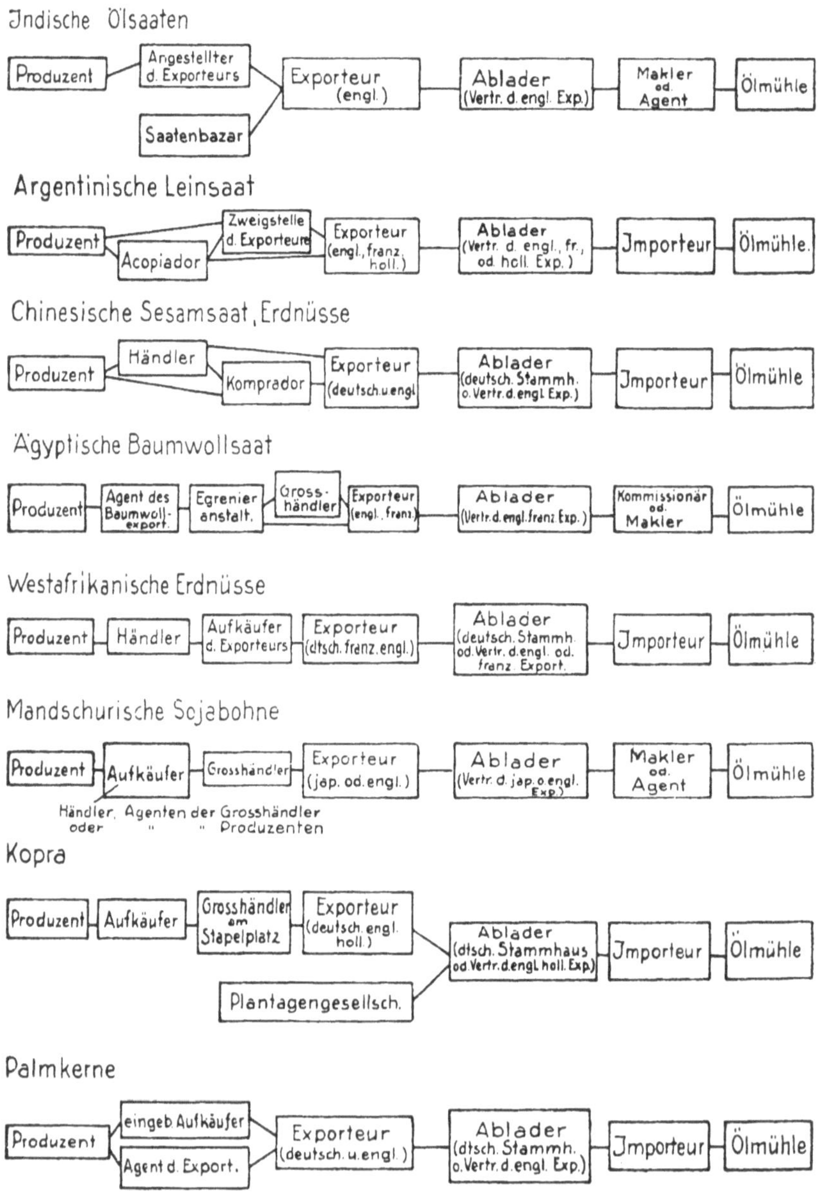

westafrikanische Palmkerne und Erdnüsse und Kopra aus den Gebieten des Stillen Meers wurden zum Teil von deutschen Häusern hier abgeladen. Ihnen gegenüber standen selbständige Importeure, die die Waren an die Verarbeiter absetzten. Diese Art der Rohstoffversorgung könnte als die unter den gegebenen Verhältnissen vollkommenste angesehen werden, da hierbei das Minimum an Volksvermögen ins Ausland gelangt; denn auch die im Ausland gemachten Gewinne kommen ja der nationalen Wirtschaft zugute. Schon weniger günstig gestalten sich die Verhältnisse für die Volkswirtschaft, wenn zwar ein selbständiger Importeurstand besteht, die Ablader aber ausländische Firmen sind, wie es bei dem Handel mit argentinischer Leinsaat der Fall war. Die letzte am wenigsten wünschenwerte Stufe liegt endlich dann vor, wenn auch der selbständige Importeur fehlt, die Preisentwicklung und gleichmäßige Versorgung des Marktes also völlig von den Fluktuationen an anderen Plätzen abhängig ist. Die indischen Saaten, ägyptische Baumwollsaat, mandschurische Sojabohnen fallen unter diese Kategorie.

Unter diesem Gesichtswinkel betrachtet, stand der Handel Hamburgs mit Ölrohstoffen noch nicht auf der für die Volkswirtschaft günstigsten Stufe. Doch waren immerhin Anzeichen vorhanden, daß der Hamburger Kaufmann danach strebte, die Stellung des hiesigen Marktes gegenüber den ausländischen Plätzen immer selbständiger zu gestalten.

Einen Großhändlerstand gibt es für Ölrohstoffe in Hamburg nicht. Dieser hält sich überall dort, wo er mit Sortierung und Zusammenstellung von Typen beschäftigt ist. Nun erfolgt die Zusammenstellung der Ladungen schon in den Produktionsländern, dort wird sie denn auch meistens von selbständigen Großhändlern vorgenommen. Die Exporteure versenden das endgültige Sortiment und setzen ihre Ware unter Zugrundelegung eines der Type entsprechenden Kontraktes an die Verbraucher oder die Importeure ab. Eine besonders feine Sortierung, die allenfalls in Hamburg einen selbständigen Großhandel hätte entstehen lassen können, ist bei den Ölrohstoffen nicht nötig, die Kontrakte lassen daher Beimischungen und Verunreinigungen bis zu 5‰ zu. Die Reinigung erfolgt in den Ölmühlen selbst, so daß also der Großhandelssortierer am Importplatze ausgeschaltet ist.

Daß sich der Hamburger Handel noch in Abhängigkeit vom Ausland befand, beweist auch das Überwiegen fremder, insbesondere englischer Kontrakte mit Arbitrage an fremden Plätzen bei den in Hamburg getätigten Abschlüssen. Bestanden auch schon Verträge in deutscher Sprache, so hielten diese doch für die meisten Artikel am „Londoner Schiedsgericht" und an der „Londoner Arbitrage" fest und gewährten überdies den deutschen Käufern — speziell ausländischen Verkäufern gegenüber, nicht die erforderliche Rechtssicherheit, weil sie keine Bestimmung für den Fall der Zahlungseinstellung der Gegenpartei enthielten. Anfang 1914 wurden vom Verein der Getreidehändler an der Hamburger Börse neue Kontrakte aufgestellt, die Hamburger Schiedsgerichte vorsahen. Diese sind aber nicht in nennenswertem Umfange in Anwendung gekommen.

Durch die Hamburger Importeure versorgen sich auch die binnenländischen Ölmühlen mit Rohstoffen. Sie haben täglich ihre Ferngespräche, um sich über die Marktlage zu unterrichten und ihre Aufträge zu erteilen[1]). So gibt es also außer an den Einfuhrhäfen Hamburg, Bremen, Danzig, Königsberg, Duisburg, Düsseldorf keinen Händlerstand für Ölrohstoffe[2]). Hamburg überragt aber wohl, was Größe der Umsätze anbelangt, alle übrigen. Dies ergeben allein schon die Verkehrszahlen. Zieht man noch dazu in Betracht, daß die Ladungen von hier aus schwimmend nach anderen Plätzen dirigiert wurden, so daß sie unseren Platz garnicht berührten, so muß man zu dem Schluß kommen, daß Hamburg eine überragende Stellung in der Versorgung Deutschlands mit Ölrohstoffen einnahm.

Weniger bedeutend ist der Hamburger Handel mit pflanzlichen Ölen. Molch, a. a. O. schreibt in Bezug auf den Absatz der Produkte der Harburger Mühlen: „Die übliche Absatzorganisation fehlte der Harburger Industrie. der Platz bildete für die Fertigfabrikate einen eigenen Markt, dessen Anziehungskraft durch die Nachbarlage von Hamburg noch verstärkt wurde. Das „Reisenlassen" blieb erspart, und die Produzenten konnten sich an der Börse die beste Information über die Preislage holen." Der letzte Grund dafür, daß sich eine Absatzorganisation erübrigte, scheint in der schon mehrfach hervorgehobenen sprunghaften Zunahme des Konsums zu liegen. Im Jahre 1880 betrug die absolute Be-

---

[1]) Selbst die Margarinefabriken in Hamburg und Altona und die Ölmühlen in Harburg senden keine Vertreter auf die Hamburger Börse. Fast alle Abschlüsse zwischen Ölmühlen und Rohstoffhändlern werden telephonisch getätigt, und auch die Geschäfte zwischen Abladern und Importeuren werden nur zum Teil an der Börse abgeschlossen.

[2]) Ein selbständiger Großhandel findet im Inland nur mit den verhältnismässig geringen Mengen deutscher Ölsaaten statt, die Hamburg kaum berühren.

völkerung des deutschen Reiches 45 234 061 Einwohner, während sie 1910 auf 64 903 423 gestiegen war. Der Ertrag der binnenländischen Ernte belief sich 1880 auf

224 784 t Raps und Rübsen
1 498 t Leindotter
5 313 t Mohnsaat, aus denen

807 177 dz Öle hergestellt wurden. Außerdem war ein Einfuhrüberschuß von 349 550 dz pflanzlicher Öle zu verzeichnen. Rechnet man hierzu den Ertrag aus dem Einfuhrüberschuß der Ölrohstoffe mit 542 236 dz, so ergibt sich eine Gesamtproduktion von 1 698 963 dz Ölen, ein Konsum von 3,75 kg pro Kopf der Bevölkerung. Die entsprechenden Zahlen für 1910 ergeben sich aus folgender Aufstellung:

	Gesamtmenge	Ausbeute	Ertrag an Öl
Inländische Ernte	—	—	150 000 dz
Einfuhrüberschuß an pflanzl. Ölen	—	—	165 070 „
„ an Raps u. Rübsen	1 780 450 dz	35 %	623 150 „
„ „ Leinsaat	3 089 420 „	30 %	926 820 „
„ „ Sesamsaat	1 413 960 „	42 %	593 860 „
„ „ Baumwollsaat	1 000 000 „	20 %	200 000 „
„ „ Erdnüssen	690 890 „	41 %	283 260 „
„ „ Sojabohnen	435 620 „	13 %	65 340 „
„ „ Kopra	1 105 170 „	65 %	718 360 „
„ „ Palmkernen	2 423 240 „	48,5 %	1 175 270 „
Gesamtproduktion an pflanzlichen Ölen:			4 901 130 dz

Der Konsum an pflanzlichen Ölen ist also auf 7,5 kg pro Kopf der Bevölkerung oder um 115 % gestiegen, während die Zunahme der Bevölkerung nur 43,5 % betrug. Hier müßte eigentlich das gegebene Feld sein, auf dem der Handel sich betätigen könnte, indem er die in Massen hergestellte Ware vom Produzenten zum Detailhandel oder letzten Konsumenten leitet. Aber der Massenproduktion der Ölmühlen steht der Massenbedarf der weiter verarbeitenden Industrie gegenüber: Margarine-, Seifen-, Linoleum, Lackfabrikation usw. In der Tat stehen sich Massenproduzenten und Massenverbraucher gegenüber, so daß die Grundlage einer Integration unter Ausschaltung des Handels gegeben ist. Diesem bleibt aber immerhin noch ein Betätigungsgebiet infolge des Vorhandenseins vieler kleiner weiterverarbeitenden Betriebe, die Massenabschlüsse, wie sie die Ölmühlen zu tätigen gezwungen sind, nicht eingehen können. So entsteht hier die Notwendigkeit einer besonderen Organisation der Verteilung immer wieder neu. Wir können daher im Handel mit pflanzlichen Ölen noch deutlich die drei Stufen: Ablader, Importeur und Großhändler unterscheiden. Der Ablader fällt natürlich weg, wenn der Importeur von inländischen Mühlen kauft. Dieser erfüllt auch meistens für die inländischen Erzeugnisse gleichzeitig die Funktionen des Exporteurs.

Anders bei dem Ölkuchenhandel. Hier handelt es sich um eine konsumreife Ware, für die die Notwendigkeit der Verteilung ganz evident ist. Die Mengen, auf die die Börsenschlüsse lauten, etwa an den Detailhandel direkt abzusetzen, wäre undenkbar. So greifen hier auf dem Wege der Ware vom Produzenten zum letzten Konsumenten viele Hände ineinander, wie das oben gezeigt ist. Die Bedeutung des hiesigen Ölkuchenmarktes wird dadurch gesteigert, daß Hamburg der größte Importhafen für ausländische Kuchen ist.

II.

Die Umwälzungen in der Weltwirtschaft der Fettstoffe während des Krieges und der Rückschlag nach dem Kriege.

Der Krieg riß mit einem Schlage alle bestehenden Verbindungen auseinander und schaltete besonders Hamburg als Einfuhrhafen auch für Waren aus neutralen Ländern aus. Die Lage unseres Platzes war ja auch die denkbar ungünstigste: die Nordsee war für Handelsschiffe, die Waren nach Deutschland brachten, gesperrt. Für die schwedische Ausfuhr kamen nur die Ostseehäfen in Frage, und der holländische Export ging über die trockene Grenze. Wohl waren in Hamburg und den übrigen Einfuhrhäfen Deutschlands bei Kriegsausbruch beträchtliche Rohstoffmengen vorhanden, aber diese schmolzen bald infolge des zunächst uneingeschränkten Verbrauches der Mühlen zusammen und ein Teil verschwand im Spekulationshandel. Dieser trieb nicht nur in Deutschland, sondern auch im neutralen und feindlichen Ausland die schönsten Blüten.

Da von einem Hamburger Handel während des Krieges nicht die Rede sein kann, könnte diese Zeit übersprungen werden und die Untersuchung mit der Wiederaufnahme der Handelsbeziehungen nach Friedensschluss fortfahren. Es haben aber während des Krieges in der Weltwirtschaft der Fettstoffe derartige Umwälzungen stattgefunden, daß, um die Nachkriegsentwicklung zu erklären, es notwendig ist, diese Änderungen zunächst einmal kurz zusammenzufassen.

Die Überwachung der Handelsschiffahrt durch die Feinde führte dazu, daß zunächst Deutschland und Österreich-Ungarn vom direkten Bezug jeder fremden Ware abgeschlossen wurden, dann aber auch die Bezüge über das neutrale Ausland immer kleiner wurden und schließlich ganz aufhörten, da die Entente ihm ein gewisses Kontingent zubilligte, das eingeführt werden konnte, während alles übrige als Konterbande galt. Die Ölindustrie nahm in Holland und Dänemark bis zum Jahre 1916 einen gewaltigen Aufschwung, bedingt durch die große Nachfrage von seiten der Mittelmächte sowohl als auch deren

Gegner. 1917 setzte ein starker Rückschlag ein, der sich im nächsten Jahre noch verschärfte. In dem Bestreben, Deutschland jede Möglichkeit zur Versorgung mit Lebensmitteln zu nehmen, ging die Entente so rücksichtslos vor, daß sie selbst vor der Stilllegung neutraler Industrien nicht zurückschreckte. Da die Zufuhren von Ölfrüchten nach Holland Ende 1917 fast vollkommen aufgehört hatten, schränkte es auch die Ausfuhr von Margarine nach England, die bis dahin unumschränkt stattgefunden hatte, ein. Es kam unter den Regierungen der beiden Länder eine Regelung zustande, wonach die zur wöchentlichen Ausfuhr kommende Menge Margarine Schritt halten mußte mit der entsprechenden Menge an Grundstoffen, die im gleichen Zeitraum eingeführt wurden[1]). England ging sofort daran, Maßnahmen zu ergreifen, um seine Fettindustrie, vor allem die Margarinebereitung, im eigenen Lande zu vergrößern. Um das Absatzgebiet in England nicht zu verlieren, mußten die niederländischen Fabrikanten sich entschließen, ihre Margarineerzeugung nach England selbst zu verlegen.

England hat es während des Krieges verstanden, nicht nur den holländischen, sondern auch den dänischen, teilweise den französischen und vor allem natürlich den deutschen Handel in Ölfrüchten an sich zu reißen und eine mächtige Ölindustrie in seinem Lande zu züchten. Gerade in Bezug auf afrikanische Unternehmungen war die Eifersucht des Engländers schon vor dem Kriege auf dem Siedepunkt angelangt. Der deutsche Handel hatte bereits alle anderen Nationen in den Schatten gestellt; war doch die größte Firma in der englischen Kolonie Nigeria eine Hamburger Firma, waren doch $^3/_4$ des ganzen Handels in der Republik Liberia in Hamburger Händen[2]). In Verfolg des englischen Kriegszieles wurde denn auch im Juni 1915 ein „Committee on Edible and Oil-Producing Nuts and Seeds“ eingesetzt, mit Hilfe dessen man dem deutschen und besonders dem Hamburger Palmkernhandel den Garaus zu machen hoffte. Mit der Genauigkeit aller englischen Enqueten wurde über die besondere Art dieses Handelszweiges debattiert und ein Weg gesucht, wie man den Palmkernmarkt für immer von Hamburg nach England verlegen könne. Das Ergebnis der 21 Sitzungen dieses Ausschusses ist in einer 230 Seiten umfassenden Schrift niedergelegt, der ich folgendes entnehme:

---

[1]) Nachrichten für Handel, Industrie und Landwirtschaft vom 24. 4. 18.

[2]) Eduard Woermann, Hamburg und die Entwicklung Westafrikas. Wirtschaftsdienst Hamburg. 1918.

„Dreiviertel des afrikanischen Palmkernexportes wurden in Deutschland verarbeitet und nur ein geringer Teil in England. Dieses verbrauchte Dreiviertel der Palmölerzeugung, während der Rest zu fast gleichen Teilen zwischen Deutschland und Frankreich geteilt wurde. Frankreich führte Dreiviertel des Erdnußexportes und Deutschland und die Niederlande den Rest ein. Von der gesamten Palmkernausfuhr kamen $^5/_6$ aus britischen Besitzungen in Westafrika und zwar hauptsächlich aus Süd-Nigerien.

„Vor dem Kriege wurden fast die gesamten Verschiffungen aus englischen und deutschen Besitzungen in Westafrika von zwei Schiffahrtsgruppen getätigt, einer englischen und einer deutschen. Die englische Gruppe stand unter der Führung der „Elder Dempster and Co. Ltd", und umfaßte die „African Steamship Comp.", die „British and African Steam Navigation Comp. Ltd" und die „Elder Line Ltd". Die deutsche Gruppe bestand aus der Woermann-Linie, der Hamburg-Amerika-Linie und der Hamburg-Bremen-Afrika-Linie. Andere Reedereien griffen gelegentlich in den Handel ein, aber nicht in nennenswertem Ausmaß. Zwischen den beiden genannten Gruppen bestand ein Übereinkommen, wonach gleiche Frachtraten genommen und gleiche Rabatte gegeben wurden. Die Waren wurden durch Schiffe beider Gruppen nach Hamburg, Rotterdam und den anderen kontinentalen Häfen verladen, aber die Verladungen nach England erfolgten ausschließlich auf englischen Schiffen.

„Hamburg war vor dem Kriege der einzige große Palmkernmarkt. Im Gegensatz zu Liverpool konnte der Käufer mit Bestimmtheit damit rechnen, auf dem Hamburger Markt zu einem Abschluß zu gelangen. Bei den Abladungen in Liverpool war das nicht der Fall, und der Einfluß einer solchen Lage auf den Handel ist einleuchtend. Teils Ursache, teils Wirkung dieses Umstandes ist die Tatsache, daß Hamburg auch der größte Verteilungsort war, da der größere Teil der Palmkernernte entweder durch englische, französische oder deutsche Kaufleute nach hier verschifft wurde. Von Hamburg wurden die Kerne nach Bremen, Flensburg oder anderen Außenhäfen versandt, oder sie wurden auf Flußschiffe oder Eisenbahnen verladen und den Mühlen zugeführt.

„Im Gegensatz zum Mühlengewerbe hat der Margarinehandel seinen Mittelpunkt in Holland. Die Margarineindustrie wurde hier 1870 eingeführt. Der deutsche Einfuhrzoll auf Margarine hat die Gründung von Margarinefabriken auch in Deutschland zur Folge gehabt, um den eigenen Markt zu versorgen, und dieselben Maßnahmen wurden von den übrigen festländischen Staaten ergriffen. Aber die holländische Industrie steht auf hoher Stufe und versorgt den größten Teil des Exporthandels sowohl wie den Inlandsmarkt. England ist der größte Abnehmer. 1913 beliefen sich die Zufuhren von Margarine auf 1 518 297 cwts. im Werte von 3 917 701 £ und von dieser Gesamtmenge kamen 1 483 417 cwts. im Werte von 3 810 409 £ aus den Niederlanden."

Als Gründe für die geschilderte Entwicklung des Palmkernhandels nahm das Komitee folgende an: Ein Faktor ist augenscheinlich der Einfluß der Firma Gaiser & Co., Hamburg, gewesen, die eine der ältesten der im afrikanischen Handel tätigen ist. Ihre Hauptniederlassung war in Lagos, einem Hauptplatz für Palmkerne, und zu einer Zeit war die Gesellschaft nicht nur als Importeur tätig, sondern betrieb auch die Verarbeitung der Kerne. Ein zweiter Faktor ist die Palmkernindustrie in Harburg, die den Palmkernhandel nach Hamburg zog, wie der Jutehandel nach Dundee und der Spielzeughandel nach Nürnberg gezogen wurde. Der Ausschuß vermutete weiter geheime Frachtrabatte, die die deutschen Reedereien gegeben haben sollen und stellte fest, daß auch einige deutsche Banken ihren Einfluß, vielleicht auf Betreiben der Regierung geltend gemacht haben, indem sie die Kaufleute finanzierten und den Gang des Handels beeinflußten. Endlich aber hat der Umfang der Palmkernsendungen zur Bedeutung Hamburgs beigetragen, indem die Fracht für Schiffsladungen bedeutend vorteilhafter war, als für einzelne Partien. Man errechnete einen Unterschied von 3 — 5 s für die Tonne. Außerdem war Hamburg in Bezug auf die Hafengebühren gegenüber England im Vorteil, den man auf 2 s 7 d berechnete.

Das Kommitee kam nun zu dem Schluß, daß genügende Aufnahmefähigkeit bei den vorhandenen wie auch den im Bau befindlichen, aufs modernste eingerichteten Ölmühlen in England bestehe, um die ganze Palmkernernte zu verarbeiten. Dabei verkannte man aber nicht, daß dieser Umstand nicht genüge, um den Palmkernhandel auch nach dem Kriege an England zu fesseln. Es wurden 3 Vorschläge gemacht: Unterstützung der Industrie durch die Regierung, Einfuhrzoll auf Öle und Margarine und Ausfuhrzoll auf Palmkerne im Ursprungsland. Von diesen Vorschlägen wurde der erste sofort und der letzte nach dem Kriege verwirklicht; am 20. Oktober 1919 wurde in den 4 westafrikanischen Kolonien Englands ein Ausfuhrzoll in der beträchtlichen Höhe von 2 £ für die Tonne auf Kerne, die nach

Plätzen außerhalb des britischen Reiches ausgeführt wurden, eingeführt. Diese Vorzugszölle erweckten in England den größten Widerspruch, in Sierra Leone und in Nigeria bestehen sie jedoch noch heute in Höhe von 1 £ bezw. 2 £ für die Tonne Palmkerne.[1]) Dies ist um so bedeutungsvoller, als Lagos in Nigeria der größte Palmkernlieferant ist.

Der zweite Vorschlag wurde nicht ausgeführt; trotzdem ist es den Engländern gelungen, das Margarinemonopol der Holländer im eigenen Lande zu brechen und eine eigene Margarineindustrie ins Leben zu rufen, die dem ehemaligen Lieferanten die größte Konkurrenz bereitet. Seit Beginn des Krieges waren zwei große Gesellschaften mit der Herstellung von Margarine beschäftigt, sodann hatten zwei holländische Unternehmungen aus dem oben erwähnten Grunde neue Anlagen im Herbst 1918 betriebsfähig hergestellt, während eine dritte englische Gesellschaft eine Fabrik in Hull errichtet hat. Neben diesem wichtigsten Zweige der Ölmüllerei entwickelte sich diese selbst auch während des Krieges ganz bedeutend. Hier ist die Feststellung zu machen, daß man von der Verarbeitung der weniger ölreichen Saaten zu den stark ölhaltigen Früchten, zu denen ja auch die Palmkerne gehören, überging. Die Verarbeitung von Palmkernen in England (Hull) betrug:

1914	65 612 t
1915	209 072 t
1916	212 011 t
1917	225 754 t
1918	294 614 t

Die Produktion von Palmkernöl stieg auf 132 576 t im Jahre 1918, zum Teil auf Kosten von Lein-, Rüb- und Baumwollsaatöl. Damit hatte das Inselreich praktisch genommen die ganze Produktion an sich gerissen. Ob es auch den Palmkernmarkt für immer beherrscht, davon soll weiter unten die Rede sein.

Während England sich auf die geschilderte Weise der Palmkernproduktion bemächtigte, gewannen die Vereinigten Staaten während des Krieges die Herrschaft auf dem Kopramarkt. Vor dem Kriege wurden $^5/_6$ der auf 600 000 t geschätzten Weltproduktion von Kopra durch Fabriken in Deutschland, Holland und Frankreich verarbeitet. Deutschland verarbeitete im Jahre 1913 allein 195 940 t Kopra, aus denen es 121 654 t Kokosöl gewann. Amerika, das im Jahre

[1]) Mitte 1923 wurde der nigerische Exportzoll auf Palmkerne auf 22 s 6 d für die Tonne herabgesetzt.

1914 über 28000 t Kopra und 37000 t Kokosöl importierte, führte in dem am 30. Juni 1918 endenden Rechnungsjahr 1917/18 schon 275000 t Kopra und 125000 t Kokosöl ein. Dabei ist die Ausfuhr an pflanzlichen Ölen, seitdem Amerika fast die ganze Welt mit Lebensmitteln versorgen mußte, ständig zurückgegangen. Vor dem Kriege führte Amerika jährlich rund 150000 t aus, 1916/17 nur 93018 und 1917/18 nur noch 68233 t.[1])

Die englische Kokosölindustrie konnte mit der Entwicklung der amerikanischen nicht Schritt halten. Der Import von Kopra in England betrug 1913 nur 30868 t, wovon 14204 t im Lande verarbeitet wurden, 1914 führte England 66494 t und 1915 118540 t ein, wovon es 43429 t selbst verarbeitete. Da die Beschaffung von Schiffsraum immer schwieriger wurde, mußte es die näherliegenden Palmkerngebiete aufsuchen und die Kopraeinfuhr fiel daher im Jahre 1917 auf 52400 t und 1918 auf 7917 t. —

Wie sah es nun in den Rohstoffgebieten selbst aus? Die bereits oben angedeutete, vor dem Kriege eingetretene industrielle Entwicklung in Niederländisch-Indien erhielt durch den Krieg einen mächtigen Ansporn. Mit Beginn der gegen die Mittelmächte, dann auch gegen die neutralen Staaten gerichteten Blokade der Entente machte sich im fernen Osten bald ein Mangel an Schiffsraum fühlbar, die Vorräte häuften sich in den Lagerhäusern an, wo sie mehrfach dem Verderben ausgesetzt waren. Nach und nach öffneten sich als Absatzgebiete für Kopra Japan und die Vereinigten Staaten. Diese beiden Länder, besonders Amerika, nahmen natürlich auch Kokosöl in großen Mengen auf, so daß sich die Ölmühlenindustrie in der holländischen Kolonie rasch vergrößern konnte. Ein gutes Bild von dieser Entwicklung gibt die folgende Aufstellung, die die Ausfuhr von Kopra und Kokosöl aus Java zeigt:

	Kopra	Kokosöl
1913	79154 t	66 t
1914	70827 t	1299 t
1915	51557 t	5475 t
1916	38492 t	10868 t
1917	24931 t	27727 t
1918	3493 t	27777 t

[1]) Hierbei ist allerdings zu berücksichtigen, daß, wie oben erwähnt, die Vereinigten Staaten vor dem Kriege viel Palmkernöl aus Deutschland und Palmöl aus England bezogen haben.

Niederländisch-Indien verarbeitete vor dem Kriege nur 30000 t Kopra jährlich. Die Verarbeitungsmenge war 1919 auf 200000 t gestiegen. Welche Änderung dadurch auf dem Weltmarkt vor sich gegangen ist, kann man ermessen, wenn man bedenkt, daß der normale Kopraüberschuß dieses Gebietes nur 300000 t beträgt.

Auch in den Philippinen war eine rapide Entwicklung der Ölindustrie die Folge wachsender Schiffsraumnot und der damit verbundenen Anhäufung großer Mengen Kopra. Die Kopraausfuhr betrug:

1911	138709 t
1912	141326 t
1913	76200 t
1914	104161 t
1915	123593 t
1916	71135 t
1917	90724 t

An Kokosöl gelangten 1916 16318 t, 1917 45836 t zur Ausfuhr.

Auf Ceylon (Colombo) und an der Malabarküste, also in den englischen Besitzungen in Süd-Asien bestanden schon vor dem Kriege größere Ölmühlen, die eine beträchtliche Menge der heimischen Kopraproduktion verarbeiteten, doch ist die dortige Industrie trotz der Einsetzung einer „Indian Industrial Commission" während des Krieges nicht wesentlich vergrößert worden. Der Grund wird wohl darin zu suchen sein, daß England die Konkurrenz der indischen für seine eigene Ölmüllerei fürchtete.

Auch in Argentinien bestanden während des Krieges Bestrebungen, eine eigene Ölindustrie ins Leben zu rufen. Der Ausfall der mitteleuropäischen Käufer hatte eine zunehmende Anhäufung von Saatgut zur Folge. Die bedeutende Verminderung der Leinsaateinfuhr Europas ergibt sich aus nachstehender Tabelle: Es wurden an Leinsaat nach Europa verschifft in Quarters aus[1]):

	Argentinien	Indien	Rußland u. Donauld.	Amerika	Zusammen
1912	2 698 000	1 876 000	908 500	281 000	5 763 500
1913	5 469 000	1 995 000	455 500	455 500	8 375 000
1914	4 579 000	1 906 000	434 000	434 000	7 353 000
1915	3 682 500	950 000	8 000	8 000	4 648 500

[1]) Tropenpflanzer, April 1916.

Daß in Argentinien während des Krieges keine Industrialisierung eingetreten ist, hat seinen Grund in dem eigenartigen Zusammentreffen mehrerer Umstände. Die sichtbaren Vorräte in den argentinischen Häfen erreichten Mitte 1916 die ungewöhnliche Höhe von 155 000 t, während im Jahre vorher dort nur 30 000 t vorrätig waren[1]). Eine Stagnation war also eingetreten. Aber die Dinge gerieten in Fluß, als sich herausstellte, daß Indien infolge der Schiffsraumnot nur wenig ausführen konnte, Nordamerika und England also auf den Bezug aus Argentinien angewiesen waren, und die Aussichten für die kommende Ernte äußerst schlecht wurden. In der Tat trat denn auch im Erntejahr 1916/17 eine empfindliche Mißernte ein, die mit 134 000 t Gesamtertrag in noch nicht dagewesener Weise hinter dem normalen Ertrag von über 1 Million Tonnen zurückblieb. Die starke Nachfrage seitens der Ver. Staaten und der übrigen Länder ließen die Vorräte bald verschwinden. Im nächsten Jahre wurde zwar in Argentinien eine Normalernte erzielt, doch blieb diejenige Kanadas und der Union hinter der vorjährigen zurück, so daß, zumal die Ausfuhr Indiens auf ein Mindestmaß zurückgegangen war, in Argentinien eine Absatzstockung nicht eintreten konnte. Da zu alledem in dem agraren Argentinien noch nicht der rechte Boden für die Entwicklung einer Industrie vorhanden ist, sind die Bemühungen um die Errichtung einer eigenen Ölmüllerei gescheitert, und das Land ist vor einer trüben Erfahrung bewahrt geblieben.[2])

Eine starke Industrialisierung ist auch im fernen Osten eingetreten. Schon vor dem Kriege bestand in China und in Japan eine Ölindustrie, die den lokalen Bedarf decken und auch etwas Öl zur Ausfuhr liefern konnte. Durch den gesteigerten Ölverbrauch während des Krieges und infolge des Frachtraummangels war auch hier die Grundlage zum Ausbau dieses Industriezweiges geschaffen. In China nahm besonders die Verarbeitung der Sojabohnen in der Mandschurei zu, die hauptsächlich von chinesischen Firmen betrieben wurde. In Niutschwang und Dairen befinden sich die am modernsten eingerichteten Betriebe. Einen noch größeren Aufschwung als hier nahm die Ölmüllerei in Japan, das sich mit den Ver. Staaten in die Kopraernte teilte und fast die ganze Sojabohnen-

[1]) Der Weltmarkt (Hannover), 27. 6. 1916.

[2]) Die gegenwärtige schutzzöllnerische Politik in Argentinien könnte wohl der Errichtung einer Ölmühlenindustrie die Grundlage geben, doch bleibt der Erfolg immerhin abzuwarten.

ausfuhr Chinas aufnahm. Die Ausfuhr von Sojabohnen- und Kokosöl steigerte sich während des Krieges wie folgt:

	Sojabohnenöl	Kokosöl
1913	8 526 dz	—
1914	10 788 „	—
1915	10 740 „	—
1916	35 484 „	—
1917	33 150 „	157 122 dz
1918	29 568 „	242 778 „

Während Japan vor dem Kriege seinen geringen Bedarf durch Bezug des Fertigfabrikats selbst decken mußte, wurden nunmehr große Mengen Kopra eingeführt und verarbeitet, um der Nachfrage aus Rußland und den Ver. Staaten gerecht zu werden. Die letzteren nahmen nach dem Zusammenbruch Rußlands fast die gesamte Sojabohnen- und Kokosölausfuhr Japans auf. Dabei blieb aber die Produktion der übrigen pflanzlichen Öle mehr oder weniger normal[1]). Vor Kriegsausbruch konnten sich nur die besteingerichteten und -geleiteten Unternehmungen in Japan über Wasser halten, da eine Unzahl kleiner Betriebe vorhanden war, die im schärfsten Konkurrenzkampf miteinander lagen. Auch für diese trat jetzt eine Zeit guten Geschäftsganges ein, von dem man allgemein erwartete, daß er nicht sofort mit Schluß des Krieges aufhören würde. Im Zusammenhang mit der Ölindustrie blühte in Japan auch die Seifenfabrikation auf, die in China ihren hauptsächlichsten Abnehmer fand. 75% der gesamten Erzeugung Japans an Pflanzenölen wurden in Kobe hergestellt, woselbst sich 25 große Ölmühlen befanden[2]). Der Haupthandelsplatz für Öle in China wurde während des Krieges Dairen. 1916 betrug die Ausfuhr Dairens nur 43% des gesamten Pflanzenölexportes Chinas, aber 1917 schon 58%, 1918 wurden 70% der gesamten Ölausfuhr Chinas über Dairen geleitet. Der Sojabohnenhandel dieses Platzes machte allein 90% des chinesischen Exportes von Sojabohnen aus. —

Fassen wir die geschilderten Tatsachen zusammen, so ergibt sich, daß während des Krieges in den Rohstoffgebieten keine größeren Absatzstockungen eintraten. Notwendigkeit des Absatzes auf der einen Seite und gesteigerter Bedarf auf der anderen trafen zusammen und leiteten den Handel mit Rohstoffen und Fertigfabrikaten

[1]) The board of Trade Journal (London), 27. 12. 1917.
[2]) Tropenpflanzer. Februar 1919.

in ganz andere Bahnen, als sie vor dem Kriege bestanden haben. Dabei ist jedoch zu bemerken, daß diese Entwicklung nicht eigentlich natürlich vor sich gegangen ist. Teilweise, wie besonders in England, hat man von seiten der Regierung Handel und Industrie geradezu mit der Flasche großgezogen, indem man alle nur möglichen Erleichterungen und Begünstigungen gewährte. So ist denn die Gefahr des Zusammenbruchs des in anormalen Zeiten Aufgebauten mit der Wiederkehr normaler Verhältnisse besonders groß. Der Handel läßt sich nicht künstlich auf die Dauer von den bestehenden Produktions- und Konsumtionszentren verdrängen, es sei denn, daß damit ein Vorteil verbunden ist, den er aber auch ohne staatliche Bevormundung erfassen würde. Die dem Handel innewohnende konservative Tendenz wird danach streben, sobald wie möglich wieder in die alten abgesperrten Bahnen zurückzukehren.

Als mit Schluß des Krieges der erhöhte Fettverbrauch aufhörte, trat natürlich in allen Ländern, in denen die Ölmühlenindustrie lebhafter als vor dem Kriege gearbeitet hatte, eine Stagnation ein und die erste Folge war, daß die Staaten sich abkapselten, um der Industrie wenigsten den eigenen Markt zu erhalten. England geht voran und schädigt damit die Ver. Staaten, die ihrerseits wieder die Einfuhr aus Japan und China absperren, so daß die dortige Industrie z. T. stillgelegt wird. Noch verheerender sind die Folgen in Niederländisch-Indien. Amerika fällt als Abnehmer für Kokosöl fort, da es seinen Bedarf reichlich aus den Philippinen decken kann, wo natürlich auch ein Stillstand eintrat, zumal die Aufnahmefähigkeit der Mühlen so groß war, daß die Erzeugung der Inselgruppe an Kopra nicht mehr genügte. Die notwendige Folge ist die Schließung vieler Betriebe. Anfang 1919 arbeiten von 41 Ölmühlen nur noch 20[1]). Dasselbe geschieht in der holländischen Kolonie. Die auf dem dortigen Markt erscheinenden ausländischen Käufer vermögen für Kopra günstigere Preise zu bieten als die ansässigen Mühlen gewähren können. Ein Zusammenschluß der Mühlen zur Bestimmung des Kaufpreises für Kopra ist nicht möglich, die am teuersten arbeitenden Betriebe schließen zuerst. Einige, wie die Insulinde Mühlen, hatten einen großen Vorrat an Öl angesammelt, den sie billig abstießen zum Schaden der anderen. Zudem war an einen Absatz der Kuchen nicht zu denken, obgleich zunächst eine Nachfrage aus Europa eintrat, die jedoch nicht zur Verbesserung der Qualität beitrug und daher wieder aufhörte. Im

[1]) Nachr. f. Handel, Industrie u. Landw. 27. 1. 1919.

Jahre 1922 stellte das größte Unternehmen, die N. V. Oliefabriken Insulinde, den Betrieb ein und trat in Liquidation[1]). Auch die Fabriken des Anton-Jurgens-Konzerns wurden geschlossen.

So steht also wieder dieselbe Menge Kopra wie vor dem Kriege zur Ausfuhr zur Verfügung.

Auch die englische Palmkernindustrie ist nicht von Rückschlägen nach dem Kriege verschont geblieben. Die Einfuhr von Palmkernen in Hull betrug 1919 noch 73 025 t, 1920 nur 41 279 t, die Produktion von Palmkernöl belief sich in diesem Jahre auf nur $^1/_4$ der jährlichen Erzeugung während des Krieges. Die Ölmüllerei in Hull ging schon wieder zur Bearbeitung anderer Saaten, vor allen der Leinsaat über. Infolge Fehlens einer direkten Schiffahrtslinie Afrika-Hull zog der Palmkernmarkt nach Liverpool. Selbstverständlich wurden dadurch die Gestehungskosten in Hull erheblich höher und Hamburg war somit gegenüber diesem Platz im Vorteil. England sah sich bald außerstande, die gesamte Palmkernproduktion Westafrikas zu verarbeiten. Schon im Jahre 1919 gab es ein Quantum von 65 000 t Palmkernen an Deutschland ab, immerhin ein Zeichen, daß es mit den Erfolgen seiner Palmkernindustrie nicht ganz zufrieden war. Man errechnete die Verarbeitungskosten in England auf 3 £ für die Tonne, während sie in Deutschland nur 1 £ betrugen. Die Exportzölle in den englischen Kolonien sind kein Hindernis, daß Palmkerne auch nach Deutschland ausgeführt werden, der Eingeborene bekommt eben entsprechend weniger für seine Produkte. Die einzige Wirkung der Zölle ist die Einschränkung der Produktion.

Im Osten hat die japanische Suzuki Company im Jahre 1921 die Produktion von 40 Ölmühlen in und um Harbin aufgekauft und zugleich ein Abkommen mit der Chinesa Eastern Railway über Vorzugsfrachtsätze für Bohnenkuchen und ein anderes mit der Yokohama Specie Bank über Versorgung mit flüssigem Geld getroffen. „Da die Fabriken in und um Harbin die ganze Bohnenernte der Mandschurei verarbeiten können“, so bemerkt hierzu die Industrie und Handelszeitung[2]), „kommt ein Handel mit Bohnen infolge der geschilderten Maßnahmen nicht in Frage“. Es kommen aus der Mandschurei jährlich 400 000 t Bohnenöl zur Ausfuhr, die nach

[1]) Die Niederl. Indische Handelsbank in Amsterdam, die an diesem Unternehmen beteiligt war, gründete Mitte 1923 ein neues Unternehmen unter dem Namen „N. V. tot Exploitatie van Oliefabriken“ in Batavia.

[2]) Industrie und Handelszeitung, 17. 5. 1921.

Amerika und Japan gehen. Daneben steigt aber die Bohnenernte infolge der ständig wachsenden Ansiedlung in der Nordmandschurei jährlich um $2^1/_2{}^0/_0$[1]. Die einheimischen Fabriken können ihre Produktion nicht beliebig ausdehnen; denn die Aufnahmefähigkeit der verschiedenen Länder für Öl ist mit der Rückkehr normaler Verhältnisse für die eigene Ölmühlenindustrie beschränkt. So bleiben also immerhin noch hinreichende Mengen Sojabohnen zur Ausfuhr übrig, und es zeigt sich hier wieder einmal, daß man nicht vorsichtig genug bei der Abgabe von Urteilen über die zukünftige wirtschaftliche Entwicklung sein kann.

---

[1]) Weltwirtschaftliche Nachrichten (Kiel) 18. 1. 1922.

III.
Die Stellung des Hamburger Handels nach dem Kriege.

A. Die Zwangswirtschaft und ihre Folgen.

Wie entwickelte sich nun die Ölwirtschaft in Deutschland nach dem Kriege? Durch Verordnung vom 8. November 1914 wurden alle zur Zeit in Deutschlaud befindlichen und in Zukunft erzeugten oder eingeführten Öle und Fette und Rohstoffe beschlagnahmt. Der gleichzeitig eingesetzte „Reichsausschuß für pflanzliche und tierische Öle und Fette" konnte die Ablieferung dieser Produkte verlangen und war allein berechtigt, sie an die Verbraucher abzusetzen. Der Handel war also damit ausgeschaltet, und eine mehr oder meistens weniger glückliche Zwangswirtschaft trat an seine Stelle, die die schönsten Blüten im Jahre 1919 und Anfang 1920 trieb. Erst nachdem Entschließungen von Vereinen, Verbänden und Kommunen in Massen nach Berlin gerichtet wurden, vor allem aber, nachdem sich herausstellte, daß der Reichsausschuß mit ungeheurem Defizit arbeitete, den das Reich decken mußte, entschloß man sich zur Aufhebung der Zwangsbewirtschaftung. Deren Nachlaß zu übernehmen, fanden sich die in Frage kommenden Kreise nicht bereit; denn der Ausschuß hinterließ nur schlechte oder zur Verarbeitung ungeeignete Rohstoffe. In Holland war in Fachkreisen das Urteil gang und gäbe: „Der Reichsausschuß für Öle und Fette hat die ganze Welt ausgemistet." Zudem fehlte es an dem nötigen flüssigen Kapital, um die ersten Rohstoffeinkäufe zu machen. Man plante daher die Gründung eines großen Wirtschaftverbandes, dem das Reich zinslose Kredite zur Verfügung stellen sollte, um der Ölmüllerei dadurch die Übergangszeit zu erleichtern. Aber wie bei so vielen, ja, man kann sagen, fast allen Maßnahmen das Reich seit der Umwälzung auf halbem Wege stehen blieb, so auch hier: man ließ es mit der Aufhebung der Zwangswirtschaft genug sein und überließ Industrie und Handel ihrem Schicksal. Da ist es denn nicht verwunderlich, daß kapitalkräftige ausländische Unternehmungen die günstige Gelegenheit ergriffen, sich den entscheidenden Einfluß in der deutschen Öl- und Fettindustrie zu sichern. Die Gründung der Deutschen Jurgens-Werke A. G. in Hamburg im September 1920 und der Generaldirektion der van den Bergh-Werke in Berlin waren der Auftakt zur Überfremdung dieses deutschen

Industriezweiges. Die Banken konnten gerade zu jenem Zeitpunkt wegen anderweitiger großer Engagements Kredite nicht erteilen — oder wollten es nicht, da sie, wie die Deutsche Bank (Jurgens-Konzern) an den ausländischen Gesellschaften interessiert sind. Selbst Zusammenschlüsse in der Ölindustrie nützten nichts mehr, da die ausländischen Konzerne in den bestehenden Gemeinschaften schon die Oberhand gewonnen hatten. In Kenntnis des deutschen Rohstoffvorrats hatten sie zunächst alles in Holland verfügbare Rohmaterial aufgekauft und damit jede Konkurrenz der übrigen deutschen Unternehmungen ausgeschaltet, so daß auch die noch unabhängigen Betriebe sich in Abhängigkeit zu begeben gezwungen waren. Mitte 1921 waren 65 % der Magarinefabriken unter Aufsicht der beiden mit einander verbundenen Gruppen Jurgens und van den Bergh, deren Stammhäuser sich in Holland bezw. England befinden. Diese haben es verstanden, sich auch weitgehenden Einfluß auf das deutsche Ölmühlengewerbe zu sichern. So sind die drei großen Ölmühlen: die Bremen-Besigheimer Ölfabriken, der Verein deutscher Ölfabriken in Mannheim und die Ölwerke Groß-Gerau in Bremen unter deren Aufsicht geraten. Im Jahre 1922 ging schließlich auch die Aktienmehrheit des größten deutschen Werkes, Thörls Ver. Harburger Ölfabriken A. G., in die Hände des Konzerns über. Die van den Bergh-Gruppe hatte die Alleinmehrheit erlangt und stellte das Unternehmen in seinen Fabrikationsgang ein. Auch hier hat die Deutsche Bank entscheidenden Einfluß und gewährte dem Werk sogleich große Kredite. So ist die Mehrzahl der deutschen Ölmühlen ihrer Selbständigkeit beraubt.

B. Die Wiederaufnahme der Handelsbeziehungen.

Wie schneidet nun bei dieser Konstellation der Handel mit Ölrohstoffen, Ölen und Kuchen ab? Der erste Gedanke, der einem bei Überlegung dieser Frage kommt, ist der, daß die deutschen Betriebe in ihrer Rohstoffverarbeitung völlig abhängig sein müssen von den den großen Konzernen nahestehenden Händlergruppen des Auslandes. Diese Gefahr war auch im Jahre 1920 vorhanden und wurde in der Presse lebhaft erörtert. Vielleicht mögen auch die Verbände daran gedacht haben, ihre Idee wenigstens zum Teil verwirklichen zu können, zumal sie selbst eigene Plantagen besaßen. Doch stellte sich sehr bald heraus, daß der Großhandel nicht auszuschalten ist. Der Ölfruchtimport ist heute noch allgemein ein selbständiger Handelszweig und wird nur mit ganz geringen Ausnahmen (Lever Brothers) von den Ölmühlen direkt vorgenommen.

Die deutschen Importeure gingen also, nachdem die Zwangswirtschaft im August 1920 aufgehoben worden war, daran, ihre alten Beziehungen wieder anzuknüpfen.[1]) Zu dieser Zeit hatten sich, wie oben erwähnt, die während des Krieges in der Ölwirtschaft eingetretenen Änderungen schon wieder beträchtlich verschoben. Man wartete in den Rohstoffproduktionsgebieten darauf, daß Mitteleuropa als Käufer wieder erscheine, da der Absatz nach den übrigen Ländern ins Stocken geraten war.

Das Betriebskapital der Importeure war während des Krieges erheblich zusammengeschrumpft. Alle sahen sich außer Stande, die Geschäfte auf eigene Rechnung wieder aufzunehmen. Von dieser Seite konnte daher den Ölmühlen auch kein Kredit gegeben werden, und hier liegt wohl mit ein Grund für deren Überfremdung. Man mußte sich zunächst damit begnügen, die Rolle des Vermittlers zwischen Ablader und Verbraucher zu spielen. Die deutschen Firmen, die vor dem Kriege hier als Ablader für Ölrohstoffe auftraten, mußten, wie auch die Importeure, ihr Geschäft von Grund auf wieder aufbauen. Jenen war ja auch fast die ganze Welt verschlossen. Auf Grund des Versailler Vertrages durften sie sich zunächst in den Ländern, mit denen Deutschland im Kriegszustand gelebt hatte, nicht wieder niederlassen. Nur die Chinafirmen konnten ihre überseeischen Filialen wieder eröffnen. Zu deren Betrieb im früheren Umfang fehlte aber anfangs auch das Kapital. Im übrigen mußten sich deutsche Ablader und Importeure, wie gesagt, vorerst mit Kommissionsgeschäften begnügen.

Die Vertretungen der ausländischen Ablader, die vor dem Kriege in Hamburg ansässig waren, nahmen ihren Geschäftsbetrieb nunmehr auch wieder auf. Dies waren hauptsächlich holländische und englische Firmen. Ein direkter Absatz von diesen an die Ölmühlen kam kaum vor. Es lag auch garnicht in der Absicht beider, die Vermittler auszuschalten. Schließlich hatten diese auf Grund ihrer früheren Beziehungen und Kenntnisse des Bedarfs der einzelnen Abnehmer den Abladern gegenüber die Fähigkeit voraus, den lokalen Markt mit seinen Eigenheiten zu überblicken, und waren so auch wohl schlechterdings nicht zu übergehen.

---

[1]) Durch Verordnung vom 21. 2. 21. wurde auch die Einfuhrbewilligungspflicht für alle Rohstoffe aufgehoben.

Erst ganz allmählich konnten die früher für eigene Rechnung handelnden Importeure aus den Kommissionsgeschäften wieder Kapitalien ansammeln. Auch die Banken kamen schließlich wieder in die Lage, Gelder auszuleihen, wenngleich von dieser Seite dem Handel wenig Unterstützung zuteil wurde. So vermochte manche Firma schon bald ein Geschäft auf eigene Rechnung zu machen. Nicht verwunderlich ist, daß die Ölimporteure hier vorangingen. Wie die nachstehende Statistik zeigt, nahm der Import von Ölen nach dem Kriege einen ganz bedeutenden Umfang an und übertraf an Menge bei fast allen Sorten die Vorkriegseinfuhr. An erster Stelle steht Leinöl, das fast nur von holländischen Firmen geliefert wird, einzelne Sendungen kommen auch aus England. Diese Entwicklung, die dem Ölimporteur schon bald seine Selbstständigkeit wiederbrachte, war allerdings für die Volkswirtschaft nicht gerade günstig. Vorteilhafter wäre es wohl gewesen, sofort mit der Einfuhr von Rohstoffen zu beginnen, damit dem Auslande nicht auch noch Arbeitslöhne gezahlt wurden. Andererseits ist allerdings zuzugeben, daß diese zur Kapitalbildung führende Entwicklung im Ölhandel auch wieder befruchtend auf die verwandten Handelszweige einwirkte, zumal viele Unternehmungen sowohl den Öl- als auch den Ölrohstoffimport betreiben. — Dieser letztere wurde zunächst nur sehr zögernd wieder aufgenommen, wie die nachfolgende Tabelle zeigt.

Einfuhr seewärts in Hamburg:

	1913	1919	1920	1921	1922	1923	1924
	dz	dz	dz	dz	dz	dz	dz
Raps und Rübsen	669 982	1 434	432 243	166 476	582 705	345 920	346 790
Leinsaat	3 661 792	90 321	222 011	950 542	743 371	[1])	—
Sesamsaat	364 930	—	80 773	169 023	80 786	—	—
Baumwollsaat	611 030	59	3 075	4 850	83 036	—	—
Erdnüsse	466 688	57 189	30 563	393 753	489 623	383 060	690 450
Sojabohnen	407 891	59 897	175 771	320 565	512 982	—	1 109 910
Kopra	3 203 955	252 060	642 357	1 214 384	2 401 727	1 813 960	1 651 860
Palmkerne	2 458 327	218 526	279 380	322 068	748 910	1 569 700	1 440 790
Rüböl	20 031	6 951	3 823	1 077	7 101	—	—
Leinöl	32 740	34 849	74 164	92 744	65 027	88 930	111 190
Olivenöl	10 206	3 383	23 459	1 926	4 376	—	—
Sesamöl	6 340	739	2 224	476	2 400	—	—
Baumwollsaatöl	82 324	28 441	40 889	89 652	20 591	24 420	29 330
Erdnußöl	4 761	1 421	7 166	14 097	15 908	—	—
Sojabohnenöl	27 003	79 655	120 066	40 907	176 398	—	—
Kokosöl	105 403	142 045	234 268	86 480	136 011	} 335 930	504 940
Palm- u. Palmkernöl	198 894	36 184	81 511	95 546	84 770		
Olkuchen	2 685 268	6 564	261 535	1 037 310	1 932 534	1 783 870	2 049 470

Einfuhr in Deutschland überhaupt:

	1913	1919	1920	1921	1922	1923	1924
	dz	dz	dz	dz	dz	dz	dz
Raps und Rübsen	1 534 270	—	886 910	158 150	1 233 589	669 354	504 605
Leinsaat	5 604 280	—	530 590	130 940	1 031 554	560 261	1 297 690
Sesamsaat	1 160 390	—	249 890	294 970	156 772	265 423	91 762
Baumwollsaat	2 197 970	—	5 220	38 580	194 128	220 879	453 730
Erdnüsse	980 850	—	99 520	578 090	692 926	377 144	749 244
Sojabohnen	1 257 500	—	227 650	471 250	864 070	886 091	1 373 313
Kopra	1 965 980	—	968 930	1 280 590	2 826 769	1 438 826	1 467 565
Palmkerne	2 359 210	—	272 330	411 270	1 268 805	1 132 771	1 032 070
Rüböl	11 748	—	—	—	13 973	20 975	20 628
Leinöl	31 648	—	—	—	292 379	216 327	310 751
Olivenöl	22 850	—	28 940	3 570	3 488	4 249	9 342
Sesamöl	6 915	—	—	—	1 917	832	2 837
Baumwollsaatöl	162 800	—	124 550	85 690	26 626	42 623	64 427
Erdnußöl	5 142	—	—	—	27 032	32 373	62 561
Sojabohnenöl	31 399	—	—	—	416 798	264 377	191 261
Kokosöl	5 940	—	506 310	211 100	292 702	195 313	87 053
Palm- u. Palmkernöl	151 210	—	142 810	116 220	87 674	152 723	155 275
Ölkuchen	8 285 490	—	503 950	214 170	950 989	409 154	1 294 859

[1]) Die fehlenden Zahlen sind aus den bisher veröffentlichten Statistiken nicht zu entnehmen.

Ein Grund für die langsame Inbetriebsetzung der Ölmühlen ist zunächst deren Kapitalnot, die den Einkauf der Rohstoffe unmöglich machte. Sodann spielen aber eben auch die Einfuhrbeschränkungen eine große Rolle. Die Konsumkraft wäre, obschon gegenüber dem Friedensstand zurückgegangen, immerhin bei dem enormen Fettbedarf nach der fettlosen Kriegszeit noch stark genug gewesen, um einen genügend großen Umsatz zu gewährleisten. Schließlich aber spielt auch die ungewisse Kalkulationsbasis bei der einsetzenden Inflation eine Rolle.

Trotzdem nimmt auch die Einfuhr der Rohstoffe nach Überwindung der ersten Schwierigkeiten einen bedeutenden Umfang an und übersteigt bei einigen Früchten schon die Vorkriegshöhe, so bei Sojabohnen und Erdnüssen. Erstere werden aber fast durchweg von London aus, wo die englischen, dänischen, hauptsächlich aber japanischen Ablader ihren Sitz haben, an die Ölmühlen verkauft, so daß der Hamburger Eigenhandel an diesem Geschäft garkeinen Anteil hat. — Sesamsaat und Baumwollensaat kommen nur noch in geringen Mengen hier an. Das Margarine- oder Butterschutzgesetz ist seit dem Kriege außer Kraft gesetzt. Infolgedessen wird Sesamöl nicht mehr in der Margarinefabrikation verwendet —

mit dem Erfolg, daß dadurch die Qualität der Margarine besser ist als vor dem Kriege.

Die Koprazufuhren stehen an Menge denjenigen der letzten Friedensjahre nicht viel nach. Neben den ausländischen hatten zunächst die deutschen Ablader, die ihren Betrieb nach dem Kriege wieder aufnahmen, nur untergeordnete Bedeutung auf dem Markt. Dieser richtete sich ganz nach den Amsterdamer und Londoner Strömungen. Die früher selbständigen Importeure nehmen heute die Stellung von Maklern ein. Doch wird ab und zu auch schon ein Eigengeschäft getätigt. Die Grenze zwischen Kommissions- und Proprehandel beginnt zu verschwinden, so daß anzunehmen ist, daß die Bedeutung des Hamburger Marktes in absehbarer Zeit wieder derjenigen der Vorkriegszeit gleichkommt.

Selbst für Palmkerne hat Hamburg sich die Vorkriegsstellung noch nicht wieder zurück erobern können. Durch das Emporkommen der Palmkernindustrie in England ist daselbst ein genügend großer Markt entstanden, um es zu ermöglichen, daß dauernde direkte Sendungen aus den Produktionsgebieten dorthin gehen. Da die deutschen Importeure nicht finanzkräftig genug waren, um den englischen Konkurrenz zu machen, verfiel der Hamburger Palmkernmarkt in völlige Abhängigkeit von England. Die wenigen Hamburger Ablader, die nach dem Kriege ihre Tätigkeit wieder aufnahmen (es waren dies zunächst nur Liberiafirmen, da die übrigen westafrikanischen Territorien den Deutschen die Einreise verboten) konnten an dieser Entwicklung nichts ändern, da ihr Einfluß infolge der geringen Abladungen nicht groß genug ist. Die Importeure sind heute als Mittelspersonen im Handel tätig. Aber auch im Palmkernhandel ist man in jüngster Zeit wieder vom Kommissions- zum Eigengeschäft übergegangen. Zudem konnten sich auch schon vor Ablauf der fünfjährigen Sperrzeit des Versailler Vertrages einige Hamburger und Bremer Häuser in den englischen Kolonien Westafrikas niederlassen. Von allergrößter Bedeutung für den Hamburger Palmkernmarkt ist aber der Umstand, daß die englische Margarineindustrie, so rasch sie während des Krieges emporgeblüht ist, heute ihre Bedeutung bereits wieder verloren hat. Der Margarinekonsum ist in England zu Gunsten des Butterkonsums zurückgegangen. Die Buttereinfuhr in England aus Dänemark, dem Hauptlieferanten, ist von 408471 dz im Jahre 1921 auf 927526 dz im Jahre 1923 gestiegen. Dadurch sind natürlich erhebliche Mengen Palmkerne, die den hauptsächlichsten Rohstoff für die englische Margarinefabrikation bildeten, freigeworden,[1]), so daß die Einfuhr von Palmkernen in Deutschland schon wieder einen erheblichen Umfang angenommen hat, wenn auch die Vorkriegshöhe noch lange nicht erreicht ist. Ob Hamburg überhaupt jemals die frühere Bedeutung als Hauptpalmkernmarkt wieder erlangen wird, ist angesichts der Tatsache, daß eben in England ein Markt entstanden ist, der trotz des dortigen Konsumrückganges bis heute seine Bedeutung nicht verloren hat, zu bezweifeln.

Der Import Hamburgs an Ölkuchen hat schon fast die Vorkriegshöhe wieder erreicht. 1913 wurden hier 2 685 268 dz, 1924 schon wieder 2 049 460 dz Ölkuchen eingeführt. In diesem Jahre belief sich die Ausfuhr Hamburgs auf 1 565 480 dz. Gerade umgekehrt ist das Verhältnis der Gesamteinfuhr Deutschlands zur Gesamtausfuhr. Die Einfuhr in Deutschland betrug 1924 nur 1 294 859 dz, während 2 075 875 dz ausgeführt wurden. Berücksichtigt man hierbei, daß vor dem Kriege Hamburgs Einfuhr von Ölkuchen nur den dritten Teil der deutschen Einfuhr ausmachte, so ergibt sich hieraus ein erfreuliches Zeichen für die Stärke des Hamburger Handels.

Freilich liegen die Dinge nicht ganz so rosig, wie ein flüchtiger Blick auf die Statistik sie erscheinen läßt. Wenn auch festgestellt werden muß, daß der Handel mit Ölkuchen, der besonders in Verbindung mit dem Getreidegeschäft ausgeübt wird, heute schon durchweg wieder für eigene Rechnung der Importeure, die auch mit den inländischen Ölmühlen Lieferungsgeschäfte tätigen, vorgenommen wird (auch das Getreidegeschäft gestattete den betreffenden Firmen eine verhältnismäßig rasche Ansammlung von Kapitalien und stand vor allen Dingen im Genuß von Bankkrediten), so ergeben sich doch gerade hier bei näherer Betrachtung vom volkswirtschaftlichen Standpunkt aus recht bedenkliche Tatsachen.

Wir haben bereits gesehen, daß die Buttereinfuhr in England ganz beträchtlich ist. Dort wurden allein aus Dänemark im Jahre 1923 rund 900 000 dz eingeführt. Aber auch der deutsche Butterimport ist bedeutend: Er betrug 1924 schon 534 774 dz, während 1923 nur 13 170 dz, vor dem Kriege aber 542 394 dz eingeführt wurden. Dabei wurden aber im Jahre 1913 neben den im Inland hergestellten Ölkuchen noch mehr als 8 000 000 dz dieses hervor-

---

[1]) Die Weltpalmkernproduktion ist nicht gestiegen, eher noch zurückgegangen. Die Ölpalme wird auch heute noch mit wenigen bedeutungslosen Ausnahmen nicht plantagenmäßig angebaut. Das Sammeln der Früchte liegt nach wie vor den Eingeborenen ob, deren Bedürfnisse nicht gestiegen sind, so daß sie keinen Grund haben, die Produktion zu steigern.

ragenden Futtermittels importiert, wogegen die Ausfuhr nur gering war. Wenn nun heute, trozdem schon die Produktion von Ölkuchen in Deutschland infolge der geringeren Rohstoffzufuhren gegenüber der Vorkriegsproduktion zurückgegangen ist, noch ein bedeutender Ausfuhrüberschuß an Ölkuchen in Deutschland erzielt wird, so eröffnet sich damit ein trauriger Blick in die Notlage unserer Landwirtschaft, die nicht mehr in der Lage ist, die verhältnißmäßig kleinen in Deutschland erzeugten Mengen Ölkuchen zu konsumieren, so daß diese ausgeführt werden müssen. Dafür wird dann die teuere Butter von uns wieder vom Ausland bezogen. Als Lieferant der letzteren wie als Abnehmer unserer Ölkuchen kommt in erster Linie Dänemark in Betracht. Der große Ölkuchenkonsum ermöglicht es diesem Lande, gewaltige Mengen Butter zum Export bereitzustellen. Dabei ist vielleicht noch ein anderer Vergleich am Platze. In Dänemark entfällt auf den Kopf der Bevölkerung ein Jahresverbrauch von 17 kg Margarine, in Deutschland von nur 5 kg. Auch dadurch ist es jenem Lande möglich, seine Butter zu guten Preisen auszuführen. Die Schlüsse, die sich hieraus für die Verbesserung der Lage der Landwirtschaft ergeben, sind: Verbilligung des wichtigsten von ihr benötigten Futtermittels, der Ölkuchen, und Steigerung des Konsums, also Verbilligung der Margarine zur Erzielung niedriger Löhne, die auch die Landwirtschaft braucht.

Wenn wir dann noch einen Blick werfen auf die die pflanzlichen Öle und Fette weiterverarbeitende Industrie, so ergibt sich ein kaum erfreulicheres Bild. In allen Erzeugnissen dieser Industrie wurde bereits vor dem Kriege ein bedeutender Ausfuhrüberschuß in Deutschland erzielt, der heute noch nicht wieder erreicht ist, wie aus folgender Übersicht hervorgeht:

	1913		1923		1924	
	Einfuhr dz	Ausfuhr dz	Einfuhr dz	Ausfuhr dz	Einfuhr dz	Ausfuhr dz
Margarine, Kunstspeisefett usw.	3 226	533 093	274 030	9 557	210 907	41 718
Firnisse, Lacke, Kitte	34 358	66 149	1 460	51 101	3 570	45 974
Seifen	66 638	122 698	2 507	97 517	13 450	72 592
Linoleumfußbodenbelag und ähnliche unter Verwendung pflanzlichen Öles hergestellte Fabrikate	1 520	183 203	257	113 518	1 922	125 841

Besonders auffällig ist der Einfuhrüberschuß an Margarine und anderem Kunstspeisefett nach dem Kriege, dem ein bedeutender Ausfuhrüberschuß vor dem Kriege gegenübersteht. Die Ursache hierfür ist darin zu suchen, daß eben die Rohstoffzufuhren noch bedeutend hinter den Vorkriegsmengen zurückstehen. So versteht es sich, daß auch ein Ausfuhrüberschuß an pflanzlichen Ölen noch nicht wieder erzielt worden ist. Dieser ergab sich im Jahre 1913 aus der großen Kokos- und Palmkernölerzeugung. 1924 wurden 155 275 dz Palm- und Palmkernöl in Deutschland eingeführt, aber nur 40 800 dz ausgeführt. Die Einfuhr von Kokosöl belief sich im gleichen Jahre auf 87 053 dz, die Ausfuhr auf 26 384 dz. —

Damit sind wir am Ende unserer Betrachtungen über die Nachkriegsverhältnisse angelangt. Die Feststellungen, die wir machen mußten, waren wenig erfreulich. Hamburg hatte seine selbständige Handelsstellung infolge des Krieges zunächst gänzlich verloren. Dennoch ist es der Energie des Kaufmannes gelungen, das Geschäft von Grund auf wieder aufzubauen und innerhalb weniger Jahre, während welcher noch die größte Unsicherheit in Bezug auf Einkauf, Absatz uud Kalkulation herrschte, schon einen erheblichen Teil des verlorenen Gebietes zurückzuerobern. Wir haben oben festgestellt, daß unser Handelszweig schon vor dem Kriege nicht die für die Volkswirtschaft günstigste Stellung innerhalb der Organisation des Welthandels einnahm. So wird es also noch langer, zäher Arbeit bedürfen, um wieder eine der Bedeutung Deutschlands als Konsument von Ölrohstoffen und Produzent von Ölen und Ölkuchen entsprechende Stellung des Hamburger Handels mit diesen Produkten zu erkämpfen.

Wie wichtig der Hamburger Platz für die Fettversorgung Deutschlands nach dem Kriege geworden ist, das geht aus folgender Aufstellung hervor:

Einfuhr von Rohstoffen, Ölen und Ölkuchen

	1913	1922
in Deutschland	25,7 Mill. dz	9,6 Mill. dz
in Hamburg	13,5 „ „	7,9 „ „

Während also der Anteil Hamburgs an der Versorgung Deutschlands mit pflanzlichen Ölen vor dem Kriege rund 50% betrug, ist er nunmehr auf 80% gestiegen, und während die Einfuhr Deutschlands 1922 nur 40% der Einfuhr von 1913 ausmachte, importierte Hamburg in diesem Jahre schon 60% der Vorkriegseinfuhr.

Schlußbetrachtung:

Zur Zollfrage.

Es wäre noch die Frage aufzuwerfen, wie denn der Staat dazu beitragen kann, um dem Hamburger Handel mit Ölrohstoffen und den Erzeugnissen der Ölmüllerei die Rückkehr in die alte Stellung zu ermöglichen. Als wirksamstes Heilmittel des Staates betrachtet man im allgemeinen die Zollpolitik. Nur andeutungsweise soll hier darauf eingegangen werden, wie unser Wirtschaftszweig sich zur Frage: Schutzzoll oder Freihandel? stellt. Der Handel als solcher muß und wird freihändlerisch sein. Wie steht es aber mit den Industrien, die er mit Rohstoffen versorgt und deren Erzeugnisse er abnimmt?

Hier herrscht durchaus nicht allgemein die Tendenz zum Schutzzoll. Wir haben in Deutschland zu unterscheiden zwischen Konzernunternehmungen und konzernfreien Fabriken in der Ölmüllerei sowohl als auch in der Magarineindustrie. Heute befinden sich nach einer Veröffentlichung des Verbandes der deutschen Ölmühlen 10 große Werke, die etwa 40% der Gesamtindustrie darstellen, in der Hand der Gruppe Jurgens — van den Bergh. Weitere 6 große Ölmühlen, von denen die größte eine dänische Majorität hat, sind in dem sogenanten „Verdöga"-Verband zu einer Verkaufsgemeinschaft zusammengeschlossen und umfassen ca. 17% der Gesamtindustrie. Daneben bestehen nur noch wenige unabhängige Ölmühlen von größerer Bedeutung, von denen sich eine ebenfalls unter dänischem Einfluß befindet. Auch die Margarineindustrie, der wichtigste Abnehmer der Ölmühlen, steht unter dem ständig wachsenden Einfluß der Konzerngruppe, die in den ihr gehörenden Margarinefabriken über 60% der in Deutschland verbrauchten Margarine herstellt. Die freien deutschen Margarinefabriken haben sich ebenfalls in einer Vereinigung zusammengeschlossen.

Die Ölmühlenindustrie, und zwar sowohl die unter Aufsicht der Konzerne stehenden als auch die freien Unternehmungen, möchte durch Schutzzölle in die Lage versetzt werden, den inländischen Markt ausschließlich zu versorgen und durch die damit erwartete Steigerung des Umsatzes das Auslandsgeschäft durch Stellung billigerer Preise zurückzuerobern. Schutzzölle auf die Rohstoffe treffen die

Ölmüllerei nicht, da bei der Ausfuhr von Ölen und Ölkuchen eine Rückvergütung des Zolles, wie vor dem Kriege, stattfinden kann

Die den beiden ausländischen Konzernen angehörenden Margarinefabriken beziehen ihre Rohstoffe, Öle und Fette, von Konzernölmühlen, die teilweise auch im Schlaglohn für die ersteren arbeiten. Sie sind, schon um die Konkurenz der freien Margarinefabriken zu unterdrücken, schutzzöllnerisch. Diese aber, die immerhin rund 40% der gesamten deutschen Margarine-Erzeugung herstellen und vor allem rein deutsches Kapital vertreten, wollen die Möglichkeit haben, ihre Rohstoffe zu Weltmarktpreisen zu erstehen und, um der fast erdrückenden Konkurenz der Konzernfabriken zu begegnen, auch die geringsten Preisschwankungen des Weltmarktes auszunutzen. Sie fordern daher Zollfreiheit für ihre Rohstoffe.

Der Handel endlich kann, wie erwähnt, keine Hemmungen durch Schutzzölle ertragen. Dabei haben wir die Wichtigkeit und Notwendigkeit eines selbständigen Händlerstandes für unseren Wirtschaftszweig gerade oben festgestellt.

Aufgabe der staatlichen Handelspolitik ist es, die Belange der einzelnen Interessenkreise in einer vernünftigen Regelung der Zollfrage zu berücksichtigen.

Literaturverzeichnis.

H. Sieveking, Entwicklung, Wesen und Bedeutung des Handels. Grundriß der Sozialökonomik. Berlin 1918.

J. Hirsch, Organisation und Formen des Handels und der staatlichen Binnenhandelspolitik, ebenda.

H. Sieveking, Grundzüge der neueren Wirtschaftsgeschichte. Leipzig-Berlin 1923.

Hefter, Technologie der Öle und Fette, 2. Bd: Gewinnung der Fette und Öle. Berlin, 1908.

Klaue, Die Deutsche Ölmüllerei. Eine Darstellung der volkswirtschaftlichen Bedeutung ihrer technischen Entwicklung. Leipzig 1913.

Bartram, Die Rohstoffversorgung der inländischen und ausländischen Ölmühlenindustrie. Lübeck 1920.

Fitzner, Die Weltwirtschaft der Fette und Rohstoffe. Berlin 1919.

Produits oléagineux et Huiles Végétales. Rome. Institut International d' Agriculture. 1921.

Schulte im Hofe, Die Welterzeugung von Lebensmitteln und Rohstoffen. Beih. zum Tropenpflanzer. Berlin 1917.

Tabellarische Übersichten des Hamburgischen Handels 1845—1913.

Deklarierte Ausfuhr Hamburger Fabrik und Gewerbeerzeugnisse während der Jahre 1852—1855. Mskrpt. Commerz-Bibliothek, Hamburg.

Hamburgs Handel und Verkehr, Exporthandbuch der Börsenhalle, Hamburg 1886—1909.

Soetbeer, Über Hamburgs Handel. Hamburg 1839.

Sachverständigen-Berichte, herausgegeb. von der Handelskammer Hamburg.

Hertz, Das Hamburger Handelshaus J. C. Godeffroy. Hamburg 1922

Hellauer, Argentinien. Berlin und Leipzig 1921.

Berliner, Organisation und Betrieb des Exportgeschäfts in China. Hann. 1920.

Klautke, Nutzpflanzen und Nutztiere Chinas, Hann. 1922.

Schanz, Wirtschaftliche Verhältnisse in Ägypten und dem ägyptischen Sudan. Tropenpflanzer. XV. Jahrgang.

Strakosch, Erwachende Agrarländer: Nationallandwirtschaft in Ägypten und im Sudan unter englischem Einfluß. Brln. 1910.

Magnus, Ägypten, seine volkwirtschaftlich. Grundlagen und sein Wirtschaftsleben. Tübingen 1911.

Adam, L' Arachide. Paris 1908.

Birk, Kopra-Produktion und Koprahandel. Kiel 1914.

Die Erdnuß, ihre Geschichte, geopraphische Verbreitung und wirtschaftliche Bedeutung. Beih. zum Tropenpflanzer 1917.

Verschiedene im Texte angeführte Zeitschriften und Zeitungen, zum größten Teil aus der Sammlung des Weltwirtschaftsarchivs Hamburg.

Druck von J. J. Augustin in Glückstadt und Hamburg.

FSC
www.fsc.org
MIX
Papier | Fördert
gute Waldnutzung
FSC® C083411

Zeitfracht Medien GmbH
Ferdinand-Jühlke-Straße 7
99095 Erfurt, Deutschland
produktsicherheit@kolibri360.de